KB137475

BODY SOMAESTHETICS

몸의 미학

정연자 지음

21세기사

PREFACE

몸은 예술의 표현에서 항상 중요한 자리에 있어왔다. 아름다운 몸에서 아름다운 활동으로 그리고 아름다운 학문으로 발전하기까지 몸은 여러 담론에서 미학적 대상이 되고 있다. 이러한 몸의 미학적 논의를 다루는데 있어 슈스터만의 신체미학의 카테고리를 참고하면서 '살아 있는 아름다움'의 표현에 가치를 부여하는 몸미학의 콘텐츠를 구성하였다.

Chapter 1 '몸미학의 이해'에서는 미·예술·미학, 몸미학에 대한 이해를 바탕으로 미의 분류, 미적 가치, 미와 예술의 관계, 신체미학의 카테고리를 중심으로 한 몸미학의 구체적인 범위를 다루었다.

Chapter 2 '삶과 몸'에서는 삶의 주기별 몸의 변화와 탄생, 성장, 여자와 남자, 죽음의 관점에서 몸의 특성을 다루었으며 삶 속에서의 몸의 모습을 살펴보았다.

Chapter 3 '동·서양의 몸'에서는 동양문화와 서양문화, 동양의 몸 문화와 서양의 몸 문화를 비교하여 문화에 따라 아름다운 몸이 모습이 어떻게 형성되고 있는지를 다루었다.

Chapter 4 '시대별 몸'에서는 고대, 중세, 근대, 현대의 복식문화에 대한 전반적인 이해와 아름다운 몸의 표현이 시대에 따라 어떻게 변화되는지를 다루었다.

Chapter 5 '몸·소통·치유'에서는 몸의 이해를 바탕으로 몸의 내부감각, 몸의 언어를 다룸으로써 몸의 치유과정과 몸의 치유력을 향상시키는 방법을 제시하였다.

Chapter 6 '몸의 실천'은 아름다운 몸을 위한 다이어트, 마사지, 뷰티케어, 의복의 활용을 다루었으며 오늘날 몸을 아름답게 하기 위한 실천적 사례를 살펴보았다.

Chapter 7 '조형예술과 몸'에서는 조각, 회화, 설치미술, 시각예술, 미디어예술의 영역에서 몸의 표현과 상징을 미학적 관점에서 살펴보았다.

Chapter 8 '신체 퍼포먼스'에서는 움직임과 몸을 통해 몸의 경험 가치를 살펴보고 관조적 몸의 이해를 위한 구체적 퍼포먼스 사례를 통해 아름다운 몸의 경험적이고 실제적인 이해를 도모하였다.

Chapter 9 '몸의 미래'는 포스트휴머니즘과 트랜스휴먼의 이해를 바탕으로 예술 작품 속 표현된 아름다운 몸의 추구를 살펴봄으로써 내추럴 휴먼으로의 몸의 미래를 제시하였다.

철학과 미학의 담론적 몸미학이라는 딱딱함에서 벗어나 몸을 통해 실천되는 다양한 분야에서 아우를 수 있는 구성을 고민하였다. 이 책을 통해 여러 시각과 방법으로 몸의 아름다움을 실천하는 것들에 대하여 만나보면서 자유롭게 바라보고 이해하는 관점을 가져보길 기대해 본다.

이 책이 나오기까지 수고해 준 김신희, 김진희, 남경희, 이영미, 표연희 선생께 고마움을 전하며 마지막까지 교정과 편집으로 아름다운 책을 만들어 주신 21세기사 사장님과 관계자분들 모두에게 감사드린다.

2022. 2

저자

CONTENTS

PREFACE 3

CHAPTER 1 몸미학의 이해 11

미·예술·미학 13

1 미 13

2 예술 20

3 미학 21

몸미학 22

1 신체미학의 카테고리 23

2 신체미학의 주요 개념 23

CHAPTER 2 삶과 몸 27

삶의 주기 29

1 영아기 29

2 유아기 30

3 아동기 31

4 청소년기 32

5 성년기 32

6 중년기 33

7 노년기 34

삶 속의 몸 35

1 탄생과 몸 36

2 성장과 몸 37

3 여자와 남자, 몸의 의미 38

4 죽음과 몸 39

CHAPTER 3 동·서양의 몸 41

동양의 몸 43

1 동양의 문화 43

2 동양의 몸 문화 47

서양의 몸 51

1 서양의 문화 51

2 서양의 몸 문화 54

CHAPTER 4 시대별 몸 57

고대의 몸 59

1 이집트 59

2 그리스 60

3 로마 62

중세의 몸 63

1 로마네스크 63

2 고딕 64

근세의 몸 65

1 르네상스 65

2 바로크 66

3 로코코 67

4 근대의 몸 68
5 고전주의 68
6 낭만주의 69

현대의 몸 70
1 1990년대 70
2 1910년대 71
3 1920년대 71
4 1930년대 72
5 1940년대 73
6 1950년대 74
7 1960년대 75
8 1970년대 76
9 1980년대 76
10 2000년대 이후 77

CHAPTER 5 몸·소통·치유 81

몸의 의미 83
1 몸의 애착 84
2 몸의 지혜 84

몸과 소통 85
1 몸의 내부감각 87
2 몸의 언어 89

몸의 치유 92
1 몸의 감정 92
2 몸과 치유 94

CHAPTER 6 몸의 실천 101

다이어트 103

1 다이어트와 열량 103

2 다이어트 방법 105

마사지 107

1 근육밸런스 107

2 근육마사지 109

뷰티케어 111

1 헤어 111

2 화장술 114

3 미용성형 118

의복형식 119

1 의복형식의 결정 119

2 의복형식의 종류 121

3 의복형식의 표현 123

4 체형과 의복라인 127

CHAPTER 7 조형예술과 몸 131

조각 134

1 신, 그리고 죽은 자를 향한 숭배의 표현 134

2 보이는 것이 아니라 알고 있는 것을 표현 136

3 살아있는 인간의 생동감과 인간적 아름다움을 표현 137

4 인체의 이상적 아름다움과 감정의 표현 140

5 인체의 역동성을 통한 보이는 예술을 표현 142

6 완벽하고 부드러운 곡선을 통한 인체의 관능미를 표현 144

7 거침과 격렬함, 그리고 인간 내면의 섬세함을 표현 145

회화 148
1 천박한 인간과 추함의 표현 149
2 동일한 주제에 대한 차별적 관점의 표현 150
3 인간의 몸과 이성적 존재를 동일시하는 것을 거꾸로 표현 150
4 아름다움과 추함을 넘어선 '해체'의 표현 151
5 인간의 몸을 무의식으로 표현 152
6 인간의 몸을 금속화한 융합적 표현 153

설치미술 154
1 과학에 의한 몸의 변형의 가능성을 표현 155
2 영혼이 없는 비어있는 몸을 표현 156
3 인간의 몸을 은유적으로 표현 157

시각미술 158
1 인간의 몸이 지니는 작품성에서의 무한한 가능성을 표현 158
2 인간의 몸을 통해 힘과 해방감을 표현 159
3 인간의 몸을 통해 문화적 전쟁의 상징성을 표현 160
4 인간의 몸에 대한 관점의 변화로 새로운 느낌과 의미를 표현 161
5 인간의 몸을 통한 기괴함과 유한함을 표현 162

미디어예술 163

CHAPTER 8 신체 퍼포먼스 165

움직임과 몸 167
1 삶의 예술로서 움직임 167
2 움직임을 통한 몸의 경험 가치 171

관조적 몸 173
1 보디페인팅 173
2 아트 퍼포먼스 180

CHAPTER 9 몸의 미래 187

포스트 휴머니즘 189

1 낙관적 포스트 휴머니즘 189

2 비판적 포스트 휴머니즘 192

트렌스 휴먼 192

1 경계의 해체 193

2 기술적 변형 195

3 기계화 변형의 확장 197

내추럴 휴먼 200

1 휴머니즘 201

2 미래의 몸 203

REFERENCE 205

CHAPTER

1

몸미학의 이해

미·예술·미학 | 몸미학

미학은 예술을 창조하고 예술을 지각하고 그 의미를 이해하며, 예술에 영향 받는 인간의 행위나 경험에 대하여 다룬다. 토마스 먼로(Thomas Munro)는 미학은 예술의 실제적 연구방법으로서 예술작품의 창조와 향수, 감상적 가치판단을 제공해 주며 미학의 주목적은 인간 경험에 대한 지식과 이해임을 강조하고 있다. 본 교재에서는 '미, 예술, 미학'의 기본적 이해, 그리고 철학적 미학이 제공해야 할 충분하고 세밀한 이론으로 발전되고 검토된 리처드 슈스터만(Richard Shustermam)이 고안해 낸 새로운 미학영역을 중심으로 한 내용이다. 몸의 아름다움뿐만 아니라 몸과 마음을 유기적으로 함께 다루는 신체미학의 살아있는 아름다움에 대한 표현을 중심으로 한다.

:: 미·예술·미학

1 미美

미(Beauty, 美)란 감각, 특히 시청(視聽)을 매개로 얻어지는 기쁨·쾌락의 근원적 체험을 주는 아름다움을 말한다. 지금까지 아름다움이 존재할 수 있는 원리는 조화나 균형에 있다고 여겨왔다. 아름다움이란 우리 뇌 속에 저장된 많은 이미지와 경험에서 얻은 여러 감정과 깊은 생각들이 뇌 속의 신경회로 속에서 함께 어울려서 우리가 느끼게 되는 지적, 정서적 인식의 산물이다. 사람마다 보고 듣고 경험하고 생각하는 것이 다르므로 아름다움에는 절대 기준이 없다고 할 수 있으며, 그것은 시대에 따라 변했고 문화에 따라서도 다르다.

■ 미의 정의

미(美)는 그리스어의 칼론(kalon), 카로스(kalos), 영어의 뷰티(beauty), 독일어의 쇤하이트(Schönheit), 불어의 보떼(beauté) 등으로 사용되어진다. 협의의 미는 아름다움을 의미하고 광의의 미는 미적(美的)인 것의 범주이다. 예술이란 본질적으로 미의 법칙에 따른 창조의 영역에 속하고 실제적 삶에 대한 미적 지각은 예술을 통해 매개되기 때문에 미와 예술은 서로 분리될 수 없다. 미는 예술과 자연의 영역 모두를 통해 나타난다.

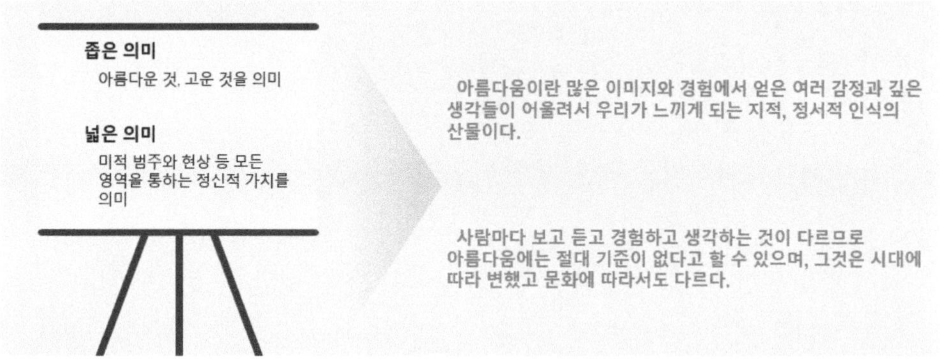

[그림 1-1] 아름다움의 의미

미 또는 아름다움은 대상에서 느끼는 감정에 따라 다양한 유형이 존재하게 된다고 볼 수 있으며 학자마다 미에 대한 정의의 차이는 있다.

고대 플라톤

- 모든 미적 대상은 '미'의 이데아를 분유(分有)함으로써 비로소 아름답다고 하였다. 미는 개체의 감각적 성질에 있는 것이 아니라 모든 미적 대상에 불변부동(不變不動)의 '형태'로 나타나는 초감각적 존재이며 균형 ·절도 ·조화 등이 미의 원리라고 하였다 .

중세 T.아퀴나스

- 미를 완전성 ·조화 ·빛남 속에서 구하였다. 즉 그는 "미는 완전성과 조화를 갖춘 사물이 거기에 간직된 형상의 빛남을 통해서 인식될 때 비로소 기쁨을 자아낸다. 미는 신의 빛이고 그 빛을 받아서 완전한 형태로서 빛나는 것"이라고 보았다.

근대 19세기 낭만파

- 고대인들이 추구한 조화의 이상을 버리고, 내면적 부조화 속에서 감정의 충일과 자아의 열광에 의해서 새로운 예술미가 창조된다고 생각하였다. 또한 미는 변하지 않는 형상(形相)에 있는 것이 아니라 단지 현상(現象)으로 나타나는 것으로, 숙명적으로 덧없는(Hinfälligkeit) 성질을 가지고 있다고도 설명하였다.

근대 19세기말 예술가

- 미 라는 것이 이미 일정한 규범에 입각한 영원부동의 원리가 아니라 그것은 오히려 관능의 도취를 가져오는 생명의 연소(燃燒)이며 찰나적인 감각의 충족감에 지나지 않았다.

[그림1-2] 미에 대한 정의

■ 미의 분류

미, 혹은 아름다운 것에서 자연을 통해 드러나는 아름다움은 자연미, 예술을 통해 드러나는 아름다움을 예술미, 인생을 통해 드러나는 아름다움을 예술미라고 이야기 한다. 자연미와 예술미는 미학의 주된 탐구대상이다.

자연미는 우리를 둘러싸고 있는 거대한 광경에서 온 감각을 통하여 감탄과 외경의 감정을 불러일으키는 것을 말한다. 자연의 경관만이 아니라, 온갖 생물과 무생물을 막론하고 하찮은 유기물이나 무기물에 이르기까지 제 나름대로 모든 자연의 소산 가운데 편재하고 있다. 동서고금을 통하여 대우주와 자연은 아름다운 것으로 여겨왔다. 자연미는 신에 의해 창조된 아름다움이라 말할 수 있다.

예술미는 자연미와 달리 인간의 활동에서 나오는 인간세계의 소산이다. 자연은 노력하지 않는 완전성을 가지고 있지만 예술은 노력의 결과에서 나온다. '예술은 자연을 모방한다.'라는 아리스토텔레스의 명제는 예술과 자연의 밀접한 관계를 잘 표현해주고 있다. 서양의 경우 18세기에 이르러 순수 예술이라는 개념이 정립되고, 그 의의가 "아름다운 자연을 모방하여 독특한 쾌(快)를 산출해 내는 인간 활동"으로 정의되었다. 이러한 개념의 정의는 그 뒤 널리 파급되어 서양은 물론 동양에서도 통용되었다.

인생미는 인간 자체와 인간이 영위하는 생활에서 발견되는 아름다움을 말한다. 자연주의적 경향이 강할 경우 자연에서 발견되는 조화 등의 특징을 인간과 인간 생활에서도 발견해 보려고 하는 경향이 강하게 드러나게 된다. 예를 들어, 아름다운 사람이란 신체의 외모를 지칭할 수도 있다. 그러나 진정한 의미에서의 인간미란 '사람다운 사람'의 인륜적 선에 그 바탕을 두고서야 비로소 정당화될 수 있다고 하는 것이다.

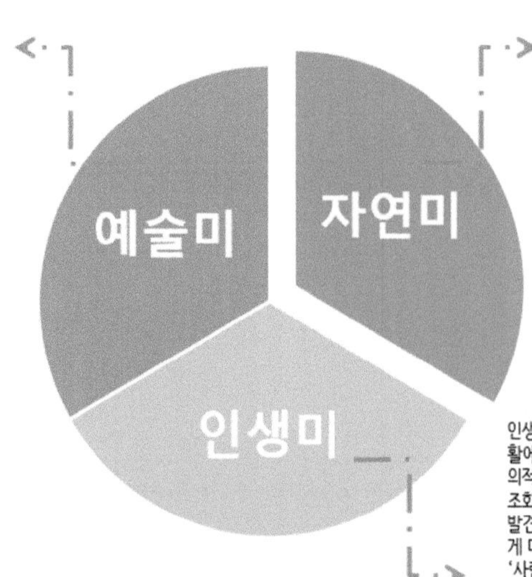

[그림 1-3] 미의 분류

■ 미적 범주

미적 범주(Aesthetic Categories)는 사유(思惟) 또는 존재의 근본형식을 의미하는 철학상의 범주 개념을 미학에 적용한 것이다. 미적 범주는 그 근저에 미적인 정신적 가치를 내용으로 하는 공통의 원리적 구조나 성격을 지닌다. 넓은 의미의 미적인 것은 즐거움만을 가져다 주는 것이 아니라 다양하고 복잡한 정서를 불러 일으킨다. 이 중 특정한 미적 속성이나 미적 가치를 지향하는 미의 유형을 미적 범주라 한다. 조르다노 브루노(Giordano Bruno)가 미는 다양하다고 하였던 것처럼 학자마다 미적 범주가 다르게 분류되고 해석되는 것을 볼 수 있다. 미적 범주의 대표적인 유형은 순수미, 우아미, 숭고미, 비장미, 골계미, 추 등이다. 이러한 미적 범주에 표현된 몸의 아름다움 전체를 몸미학의 대상으로 하였다.

• 순수미 beauty

순수미는 좁은 의미의 미로서 미적인 것의 특질이 가장 순수하게 구현된 것이다. 단순한 쾌감이라기보다는 감각적인 것에서 비롯되는 쾌감(pleasure), 의미(meaning), 만족(satisfaction)의 지각경험이다. 대상이 마음에 들면 들수록 쾌의 인상이 완전하면서도 순수하게 되는 순수쾌감을 발생시키는 현실감각이다. 미는 예술표현에서 이상적인 형태로 나타나는 경우가 많아 순수미를 곧 이상미라고 하기도 한다. 순수미는 추와 직접 관계하지 않으며 순수쾌감을 가지는 미적체험으로 불쾌의 감정 없이 완전히 충족하여 현실로부터 완전히 해방되게 해주는 감정이다.

- **우아미** 優雅美, grace

우아는 라틴어로 그라티아(gratia), 이탈리아어로 그라치아(grazia)라 한다. 펠리비엥(Felibien)은 우아를 "그것은 정신을 통하지 않고 마음을 사로잡아 즐겁게 하는 것"이라고 하였다. 우아는 감성적 측면이 표현된 외연적 운동에 중점을 둔 범주이다. 우아미는 인간의 감성적인 것과 정신적인 것이 조화와 균형을 이룰 때 나타나는 미를 의미한다. 또 우아미를 미학의 중요개념으로 간주하여 깊이 탐구한 쉴러(F.Schiller)에 따르면, 우아는 웃음을 자아내는 해학이나 야유와 결합하기 쉬운 것이다. 폴켈트는 아름다운 혼의 개념에 의해 우아미의 특성을 설명한 쉴러의 사상에 기초하여, 인간에 있어서 감성적인 것과 정신적인 것과의 조화적 성격에서 생기는 미를 우아미라고 하였다. 즉 우아미는 미적인 것이 내용상 크기나 힘에 관계되지 않고, 인간에 있어서 정신적인 것과 감성적인 것, 이성적인 것과 자연적인 것, 내적인 것과 외적인 것과의 관계에 있어서 그 상반되는 양자가 조화적 균형을 이룰 때 성립한다.

- **숭고미** 崇高美, sublime

숭고의 의미는 일절의 비교를 넘어서 절대적으로 큰 것을 말한다. 숭고는 위대함에 대한 내면적 미의식과 연결된 미적 개념으로 처음 등장했다. 20세기에 들어와서 브래들리(A. Bradley)는 숭고미의 본질적 특성을 정신적 혹은 물질적 위대성(mental or material greatness)이라 한다. 폴켈트에 의하면 숭고는 미적 대상의 내용이 비상하게 큰 것에서 성립하는데, 이때 양적 표현은 공간적 크기나 수학적 크기가 아닌 인간적인 크기(die menschliche Grösse)이다. 즉 초인간적인 어떤 것에 대한 정신적인 위력의 발전의 표현을 말하며, 따라서 이것은 무한정적 형식 가운데 나타나며, 이때에 자기감정의 고양이 있게 된다고 하였다. 숭고미의 대상적 특징은 실재적으로 지각될 때 수, 양, 힘 등이 직접적으로 파악할 수 없을 만큼 커서 몰형식성과 몰관계성을 갖는다.

- **비장미** 悲壯美, tragic

비장미는 비극미라고도 하며 일반적으로 골계미(희극미)와 대립된 개념으로 간주하였다. 육체적, 정신적 불행은 비장미의 본질적 특성 가운데 하나이지만 일상생활에서의 평범한 고뇌는 단순한 비애에 불과한 것이다. 비장이 쾌와 불쾌의 혼합감정이 고뇌에 의해서 가치상승한 것인데 비해, 비애는 단순한 고뇌를 통한 대립되지 않은 체험을 일컫는다. 비장미는 궁극적 가치가 있는 것, 즉 비극적 내용을 이루는 것으로서 고귀한 인간의 행위와 의지로 성립되는, 그러한 인간적 위대성이 침해되고 멸망되는 비통한 과정 내지 결과인데, 여기에서 야기되는 비극적 고뇌의 부정적 계기에 의해서 도리어 가치감정이 강화 고양되는 가운데 비극미가 성립된다. 따라서 숭고미의 몰락으로서의 비장미는 숭고미의 일종내지 파생적 형태라고 할 수 있다.

- **골계미** 滑稽美, comic

골계미는 희극미를 말한다. 희극적인 미는 기대된 것과 실현된 것 사이의 모순에 근거하는 미이다. 즉 기대된 것과는 모순된 현실에 부딪혔을 때 그 의외성 때문에 느껴지는 놀라움, 환멸감 등의 불쾌감이 유희적 태도에 의해서 극복되면서 느껴지는 미적 쾌감을 말한다. 골계는 생명감정을 고양하는 경우에 생기는데, 골계도 비장의 경우와 같이 갈등에 의하며 이때의 갈등은 웃음 가운데 있고 이 웃음은 가치요구가 허무로 융해될 때 성립된다. 주관적 체험에 있어서 마음의 경쾌화, 중압으로부터의 해방, 정신의 자유성을 얻게 하는 것으로 골계는 기지(機智, wit), 풍자(諷刺, satire), 반어(反語,irony), 유머(Humor) 등이 있다. 유머는 희극적인 것을 수단으로 하여 인생 일반의 모순을 날카롭고 기발한 재기로 비추어 밝혀내는 희극미의 가장 높은 미적 가치를 지닌 최고형식이다.

- **추** 醜, ugly

추와 미는 대립된 것이지만 미를 부각시키고 작품 전체의 생동감을 높여주기 때문에 미와 더불어 논의되어 왔다. 미의 기본 원리는 정신의 자유성에 있으므로, 이에 따라 추의 기본원리도 정신의 자유성에 대한 부정에 있다. 즉 추는 자유의 가능성이 있는 정신과 예술 가운데에 있는 것이다. 로젠크란츠는 '추의 미학'에서 예술이 이념의 현상을 총체적으로 표현하기 위해서는 현상계에서 긍정적인 것과 서로 뒤얽혀 있는 부정적인 것, 즉 추가 결여되어서는 안된다고 하였다. 미가 존재하지 않는다면 추는 존재하지 못하며 추는 미의 상대적 개념이라는 것이다. 추를 느끼게 하는 미적 대상의 형식적 특징은 무형태, 불균제, 부조화의 '불형식성'이며 내용적 특징은 '왜곡', 표현적 특징은 '부정확성'이다.

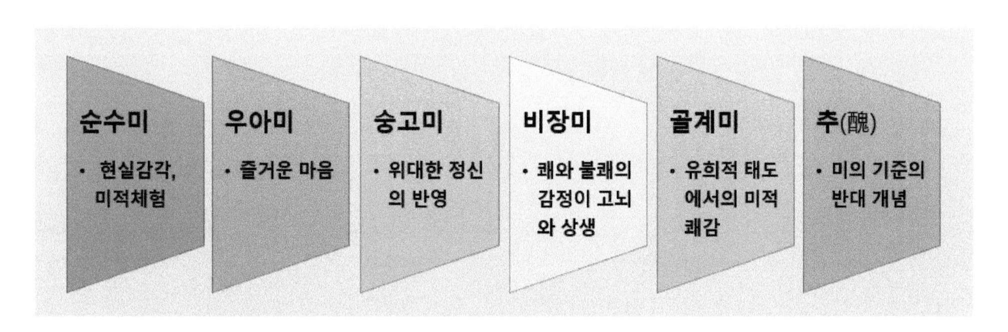

[그림 1-4] 미적 범주

■ 미적 가치

가치(value)란 일반적으로 주관의 욕구, 특히 감정이나 의지의 욕망을 충족시킬 수 있는 성질이다. 이런 의미에서 가치는 정의적(情意的)이며 그 근본은 욕구에 있다. 이 경우 그러한 정의적 욕구를 갖는 주관은 이른 바 가치주체(subject of value)이며 그 욕구를 충족케 하는 대상은 가치객체(object of value)이다. 이러한 주체와 객체는 상대적 연관성을 갖는다. 이러한 상관관계는 판단형식에서 성립된다. 이를테면 '꽃은 빨갛다'는 판단과 '이 꽃은 아름답다'는 판단은 문법적 형식에 있어서 동일하지만 그 판단형식에 있어서는 사실적으로 의미를 달리 한다. 전자는 긍정적 판단으로서 특수(特殊)를 보편 밑에 두어 주관적 관계가 존재하지 않고, 오직 사실을 사적으로 판단하는 사실판단(factual judgment)의 형식이다. 그러나 후자의 경우에는 특수만이 주어져 있고 판단이 이에 대해 보편을 찾으려는 반성적 판단으로서, 거기에 주관적 관계가 존재하는 가치판단(value judgment)의 형식이다. 따라서 가치판단은 가치주체가 가치객체에 대해 가치부여를 하는 판단, 즉 대상에 대한 주체의 평가의식을 표명하는 판단형식이다. 이런 의미에서 '가치'는 주관적인 것이고 가치객체에 대한 주관의 관계에서 성립한다. 이와 같이 성립되는 가치에는 주관성, 객관성, 절대성이 있다. 가치는 가치주체의 정신작용에 근거를 두는 주체성, 타인에게도 가치가 있다고 인식되어야 하는 객관성, 이상적 가치로서 보편타당적인 절대적 가치를 지니고 있어야 한다. 이러한 미적 가치를 분류하는 기준 역시 학자마다 약간의 차이를 보이고 있다.

2 예술 藝術

예술의 정의에서 늘 공통적인 내용이 있다. 즉 예술이란 인간이 의도를 가지고 어떤 활동을 통해 아름다운 것을 만들어냄을 의미한다. 이를 통해 삶의 체험내용, 고뇌와 열정이 승화된다. 예술은 일반적으로 하나의 생활상의 목적을 효과적으로 달성하기 위해 어떤 재료를 가공·형성하여 객관적인 성과물이나 물건을 만들어내는 능력 또는 활동으로서의 '기술'을 총칭한다. 예술은 원래 일정한 목적을 가진 일을 잘 해낼 수 있는 기술이라는 말에서 유래하였다. 아트(art)의 원어인 아르스(ars)는 '조립하다' '궁리하다'란 의미를 가지고 있다. 아리스토텔레스는 효용성의 측면에서 이같이 넓은 의미의 기술을 둘로 나누고, 하나는 생활상 '필요에 의한 기술', 다른 하나는 '기분 전환과 쾌락을 위한 기술'이라고 했다. 전자는 실용적인 여러 기술들을, 후자는 이른바 예술을 가리키는 것이다.

그러나 미적 의미에 한정된 예술이란 관념은 18세기에 들어서서야 비로소 부각된 것이고, 예술을 일반적인 기술과 구별하기 위해 특별히 미적 기술(fine art)이라는 표현이 쓰이게 되었다. 예술이라는 한자에서 '예(藝)'에는 본디 '심는다(種·樹)'는 뜻이 있으며, 따라서 그것은 '기능(機能)', '기술(技術)'을 의미하였다. 한편 예술에 해당하는 그리스어 테크네(techn), 라틴어 아르스(ars), 영어 아트(art), 독일어 쿤스트(Kunst), 프랑스어 아르(art) 등도 일반적으로 일정한 과제를 해결해낼 수 있는 숙련된 능력 또는 활동으로서의 '기술'을 의미하였던 말이다. 이로서 오늘날 미적(美的) 의미에서의 예술이라는 뜻과 함께 '수공(手工)' 또는 '효용적 기술'의 의미를 포괄한 말이었다. 이러한 기술로서의 예술 의미가 예술 활동의 특수성 때문에 미적 의미로 한정되어 일반과 예술을 구별해 '미적 기술(fine art)'이라는 뜻을 지니게 된 것이다.

예술은 심미적 형식으로 타인에게 의미와 감정을 전달하는 인지와 감정의 표현이다. 예술은 사회적 가치를 반영하는 경향이 있다. 그러나 복잡한 사회에서 심미적 표현의 어떤 형태는 전문화된 예술가집단의 가치를 반영하기도 한다.

아름다운 것이란 흔히 생각하듯이 우리의 감각에 즐거움을 주는 것만을 의미하는 것은 아니다. 예전부터 아름다운 것과 참된 것은 하나라는 생각이 있었다. 우리가 예술을 통해 삶의 진실을 얻을 수 있다면 그것은 아름다운 것이다. 그 진실이 불유쾌하거나 우리를 슬프게 하더라도 예술은 이를 승화시켜 아름다운 것으로 표현해 낸다.

■ 미와 예술의 관계

예술은 아름다움을 목표로 한다. 미가 주로 예술에서 찾아질 수 있으며, 미의 개념이 추상적이면서도 애매한 데 비해 예술은 구체적이면서도 명확하다는 점에서 예술을 미학의 주된 대상으로 다루어야 한다고 생각하는 이론가들이 많았다. 예술이 종종 미적인 것만이 아닌 종교적, 윤리적, 정치적, 사회적인 동기로 창작되고 또 감상된다 하더라도 본질상 미적 가치의 창조 내지 체험을 본래의 목적으로 추구한다. 따라서 예술이야말로 미의 전형적 형태라고 할 수 있으며 이러한 의미로 볼 때 미학 과제의 중심은 예술미의 연구에 있다고 할 수 있다. 예술이란 본질적으로 미의 법칙에 따른 창조의 영역에 속하고 실제적 삶에 대한 미적 지각은 예술을 통해 매개되기 때문에 미와 예술은 서로 분리될 수 없다. 미적인 것은 예술의 영역보다 더 넓은 영역에 걸쳐 있다. 예술은 본질적으로 미의 법칙에 따른 창조의 영역에 속하고 실제 삶에 대한 미적 지각은 예술을 통해 매개되기 때문에 미와 예술은 서로 분리될 수 없다.

3 미학 美學

미학은 미(美)가 들어가 있어 아름다움을 다루는 학문이라 여긴다. 그러나 미학의 대상은 순수한 아름다움을 넘어 인간 삶의 중요한 부분을 차지하는 온갖 느낌과 정서의 세계이다. 이는 이성보다는 감성이 지배적이라 할 수 있다. 인간의 정서에는 즐겁고 기쁜 것들도 있디만 슬프고 두려운, 혐오스러움 같은 부정적인 정서들도 있다. 미학이라는 것은 이러한 모든 감성을 다루는 것이다. 이와 같이 미학은 우리의 감성을 움직여 즐거움과 감동을 주는 것이며 자연과 예술을 통해 나타나는 광범위하게 나타나는 미적인 것이다. 미적인 것은 보고 들을 수 있는 감각적인 것 뿐만이 아니라 보이지 않는 정신적인 것을 모두 포함한다.

미학은 '느낌'이나 '감성적 지각을 의미하는 그리스어 '아이스테티케(aisthetike)에서 유래한다. 미학의 대상은 인간 삶의 전 부분에서 발견되는 '미적인 것'일반이다. 여기에는 감각적인 아름다움뿐만 아니라 참된 것과 선한 것 등 여러 정신적인 가치가 모두 포함된다. 다양한 미적 가치들은 자연과 예술을 통해 드러나기 때문에 이론가들은 자연미와 예술미를 미학에서 많이 다루었다.

미학(美學)은 개개의 미로부터 출발하여 최고미를 목표로 해서 끊임없이 상승하는 것, 마치 계단을 오르듯 하나의 아름다운 육체로부터 모든 아름다운 육체로, 그리고 아름다운 육체로부터 인간의 아름다운 활동으로, 다음에는 아름다운 활동에서 여러 아름다운 학문으로, 나아가 다시 그러한 학문에서 출발하여 마침내는 미 그 자체를 대상으로 하는 학에 도달해서 결국 미의 본질을 인식하기에까지 이르게 된다.

몸미학 Body esthetics

몸은 이제 하나의 미학적 대상으로 관리되어야 할 대상 그 자체로 대두되었다. 이렇게 아름답게 가꾸어진 몸은 현대사회에서 하나의 미덕이자 경쟁력이 되어 매력 자본의 경제적 가치가 되었다. 몸에 관한 미학적 논의를 다룸에 있어서 슈스터만의 신체미학을 주목하는 이유는 철학과 미학의 역사 속에서 몸에 관한 미학적 담론이 어떠한 방식으로 조망할 수 있는지에 대한 새로운 시각을 제공할 수 있다고 보기 때문이다. 신체미학(somaesthetics)은 'soma'와 'aesthetics'의 합성어로 슈스터만이 몸에 관한 미학적 영역을 설명하기 위해 고안한 용어이다. 슈스터만은 몸(body)이라는 용어보다 신체(soma)라는 용어를 사용한 이유에 대해서는 "단지 몸뚱이와 뼈로 구성되는 물질적인 몸보다는 살아 있는, 지각력 있는(sentient), 목적이 있는 몸을 강조하기 위해 나는 몸(body)보다는 신체(soma)라고 말하는 것을 선호한다."라고 밝히고 있다.

1 신체미학의 카테고리

■ 분석적 몸미학 analytic Somaesthetics

분석적 몸미학은 신체적 지각과 실천의 본성을 기술하는 즉 현실에 대한 우리의 지식과 구성에 어떻게 작용하는지를 기술한다. 분석적 몸미학은 슈스터만의 독자적인 미학 이론이 아니라 푸고, 퐁티, 브르디외의 일원론적 신체 미학과 철학을 내포하고 있다. 그러므로 분석적 몸미학은 신체에 대한 수많은 철학적 몸 담론을 포괄하는 개념이라 할 수 있다.

■ 프래그머티즘적 몸미학 pragmatic Somaesthetics

프래그머티즘 몸미학은 신체의 개선 방법들 그리고 이 방법들을 비교하고 비판하는 것과 관련된 다양한 방법을 제안한다는 점에서 분석적 차원을 넘어선다. 예를 들면 몸을 가꾸는 다이어트, 운동을 포함하여, 네일아트, 피어싱 등의 창조적 자기 꾸미기 행위, 무용의 한 분야인 팰던클라이스 기법과 알렉산더 테크닉등과 같이 현대의 심신 치료법들이 그러한 것이다.

■ 실천적 practical Somaesthetics

실천적 몸미학은 구체적인 실천(actual practice)이라는 관점, 즉 몸이 행하는 지각들과 다양한 몸적 실천들의 속성을 근본적으로 파악하고 기술하며, 동시에 현실에 대한 우리의 지식과 존재하는 몸의 기능을 현실 구성적으로 기술하는 것이다.

2 신체미학 Somaesthetics의 주요 개념

■ 몸의 의식 Body consciousness

현대 문화는 자극에 민감하고 빠르게 반응하고 개인적 존중이 상실된 채 인간 본성의 결여현상에 놓여 있다. 특히 몸에 대한 지나친 주목 혹은 몸에 대한 경외시적인 문제는 비단 오늘의 문제만은 아닐 것이다. 몸의 이미지들에 의해 형성된 시각들은 우리 주변의 곳곳에 뿌리 내리고 있다. 슈스터만은 몸의 의식을 통해 이러한 문제들을 개선할 수 있으며 더 나아가 개인의 지식과 행위 그리고 쾌를 획득하는 것에 긍정적인 영향을 줄 수 있다고 하였다.

■ 살아있는 아름다움 Living Beauty

예술 작품뿐만 아니라 일상 속에서 경험하는 일시적인 매력과 성취적인 매력에 대한 기쁨도 순간적이기 때문에 살아있는 아름다움은 실제적이고 감동적이며, 소중하고 영속적이지 않기 때문에 오히려 더 가치가 있다. 삶에서 일어나는 갈등, 불화, 관계의 어려움 등을 피하고 얻는 쾌들은 신체미학에서 말하는 쾌라고 할 수 없다. 인간은 불완전한 존재이기 때문에 늘 변화하고 유동적이다. 신체미학은 우주의 영속성만을 추구하는 것이 아니라 오로지 상대적 안정정을 갖는 유동의 영역으로 간주하는 것에서 미와 쾌의 중요성을 말하고 있다.

■ 창조적 자기표현 self-expression 과 자기스타일화 self-fashioning

인간의 의식주를 비롯하여 개인의 사회성, 공동체성으로까지 확대되기 때문에 '자기실현(Self-realization)'에 대한 윤리적 활동과 노력을 일구어 가는 것이다. 우리는 우리의 주변을 둘러싸고 있는 환경을 개선해야 하며 그 환경과 밀접한 상호관계를 맺고 있기 때문에 미학과 윤리학의 통합적인 기초적 실천행위가 자신의 스타일을 아름답게 가꾸어 준다고 할 수 있다. 삶의 실천을 통한 예술이라는 신체미학의 궁극적인 목적은 자신의 스타일을 통해 '자기실현', 혹은 '자기완성'이라는 윤리적 활동을 이루어갈 때 완성된다. 자신의 삶 속에서 이러한 미를 실현하고자 꾸준히 노력하는 인간은 자신만의 독창적인 자기 스타일화를 진취적으로 가꾸는 사람이며, 그는 '품성의 고양'을 통해 자신을 지속적으로 수양하며 자기완성을 추구한다.

이상과 같이 슈스터만이 주장하는 몸미학은 종래의 관례적인 철학에서는 찾아볼 수 없는 중대한 가치를 실현하는 새로운 하나의 교과로 상정되고 있다. 특히 그의 몸미학은 개인의 잘못된 신체 습관과 삶의 스타일을 개선하여 개인은 물론 그가 속한 공동체를 행복한 삶으로 인도하는 것을 목적으로 하는 '개선주의'(meliorism)가 저변에 있다.

몸 미학은 단순히 순수예술, 자연미만을 대상으로 하지 않고 감각적 지각이 인식적 토대가 되는 모든 활동을 포함하고 있다는 점에서 기존 미학과는 대상영역에서 차이를 보이고 있다. 몸미학은 '신체'라는 매체를 통해 '직접적인 경험'에서 얻어지는 자기 자신의 미적 잠재성의 발현에 주목하는 미학이요, 또한 그것은'몸의 실천'으로서 가장 깊고 가장 근원적인 의미에서의 자기 삶을 영위해 가는 '살아 있는 아름다움'의 표현에 가치를 부여하는 새로운 미학이라고 말할 수 있다.

CHAPTER

2

삶과 몸

삶의 주기 | 삶 속의 몸

인간은 태어나는 순간부터 유기체인 몸의 존재를 드러낸다. 불완전한 생물학적 몸은 인간의 의미를 만들어가는 시작점이 된다. 인간의 의미는 인간성을 접하는 모든 환경에 있는 인간의 몸에 기초한다. 우리가 만들 수 있는 모든 의미와 우리가 지닌 모든 가치관은 세계와 작용하며 발생하며 환경 속에서 만나는 인간과 함께 의미를 만들며 물리적인 몸을 통해 삶을 살아간다. 인간은 몸과 함께 존속하며 살아가고 죽음으로 돌아가 삶을 마무리한다. 이에 우리는 보이는 몸의 변화로 일생의 삶을 주기로 나누어 이해할 수 있다. 여기서 삶의 주기에 따른 몸의 변화, 행동 특성을 통해 자신의 삶을 객관적으로 살펴본다.

:: 삶의 주기

인간은 죽음과 삶을 동시에 가지고 있는 존재이다. 생의 종결점은 죽음이며, 그 마지막 종착지까지가 삶의 전부인 것이다. 시간 속에서 삶을 보내는 과정을 통해 몸은 변화한다. 이를 주기로 설명하며 삶의 변화를 한눈에 설명할 수 있다. 생은 한 번이지만 많은 사람이 살아왔고 지금도 살고 있고 앞으로도 살아갈 것이다. 그러므로 우리의 삶을 가시화할 수 있는 몸을 통해 생의 과정을 객관화하여 미리 들여다볼 수 있다. 마치 타인의 경험을 공유하는 것과 같이 우리에게 주어진 삶의 흐름이 있다. 인간은 누구나 태어나서 성장하여 삶의 절정 시기를 지나 나이가 들어 죽음을 맞이해야 하는 생애 과정이 있으며 지나는 시기마다 드러나는 특성이 있다.

1 영아기

출생 후 1개월까지는 신생아라고 하며, 영아기는 생후 24개월까지를 말한다. 일생을 통해 신체와 운동 발달에서 가장 급속한 발달이 이루어지는 시기이다. 영아기는 제1의 성장 급등기로 신체가 빠르게 성장하고 걷기, 뛰기 등을 할 수 있게 된다. 언어의 발달은 4~5개월 정도에 옹알이를 시작하고, 생후 1년이 되면 첫 단어를 말한다. 생후 2년이 되면 감정을 표현하는 단어를 사용하기 시작하고 사용하는 어휘의 수가 급격히 늘어 다른 사람과 의사소통이 가능해진다. 대부분 이 시기에 아기는 웃음과 울음으로 감정을 표현하며 하루 대부분을 잠을 잔다. 아기의 몸은 전체적인 비례에서 두상이 차지하는 비율이 높으며 뼈의 융합이 이루어지지 않아 270개의 뼈를 가지고 있다. 얼굴의 경우 이마의 크기에 비교해 코와 인중 및 하관의 길이가 매우 짧다.

■ 영아기의 발달과 운동

- 고개 가누기, 일어서기, 걷기 등의 새로운 운동 기술을 단계적으로 습득한다.
- 모유에서 이유식, 이유식에서 고체 음식물을 먹는다.
- 주변의 소리를 듣고 따라 하는 노력을 통해 사용 가능한 어휘의 수를 늘린다.
- 양육자와 애착 관계를 형성하고, 격리 불안과 낯가림 등을 나타낸다.
- 3~4개월에는 목을 가누며, 7~8개월 정도에 혼자 앉을 수 있고 9~12개월에는 붙잡고 일어서거나 혼자 일어설 수 있다. 24개월 정도가 되면 아이 대부분은 혼자서 걷을 수 있으며 계단을 오르 내릴 수 있다.

2 유아기

유아기는 만 3~5세까지, 보통 초등학교 입학 이전까지의 시기이다. 이 시기에는 인지 능력이 발달하고 상상력이 풍부해지며, 놀이를 통해 다양한 발달 측면이 자극을 받기 때문에 '놀이의 시기'라고 불리기도 한다. 자율성이 증가하면서 스스로 하려는 일이 많아진다. 대근육 운동능력이 발달 되며 움직임이 많으며 유아기는 언어를 습득하고 발전시키는 시기로, 자기주장이 강해지고, 주변 환경에 관한 탐색을 하며 기본생활 습관과 사회 규칙을 습득 시작한다. 또한, 모든 사물이나 행동에 호기심을 보이게 된다. 영아기에 비교해 성장 속도는 느려지지만, 팔과 다리 위주로 성장하여 비율적으로 안정을 보이게 된다.

■ 유아기 발달과 운동

- 식사하기, 옷 입기 등과 같은 기본적인 생활 습관을 습득한다.
- 일상적인 의사소통이 가능하도록 말하는 방법을 익힌다.
- 배뇨·배변 훈련을 통해 배설물을 조절하는 능력을 기른다.
- 부모, 형제자매와 정서적 관계를 맺는다.

- 유아기에는 움직임에 흥미를 느끼고 움직임을 통해 운동 기능이 발달하기 시작한다.
- 인간의 잠재 능력을 개발하기 위해서는 유아기부터 여러 가지 요소의 움직임을 경험을 위한 놀이 중심의 활동이 좋다.
- 서기, 걷기, 달리기 등의 단순한 운동 형태에서부터 기구를 활용하는 복잡한 형태의 운동에 이르기까지 유아의 발달 수준에 맞추어서 하는 것이 효과적이다.

3 아동기

아동기는 만 6세부터 만 12세까지로 초등학교에 다니는 시기를 말하며, 또래 집단과 학교생활은 이 시기의 발달에 큰 영향을 미친다. 사람들과 어울리면서 사회성이 발달하기 시작하는 시기로 운동 기술이 발달하며 논리적 사고가 가능하다. 아동이 학교생활에 잘 적응하면 근면성이, 적응하지 못하면 열등감이 생길 수 있다. 또한, 이 시기에는 독립심과 사회성이 발달하게 된다. 아동기는 신체적, 정신적, 사회적으로 급격한 성장과 발달이 이루어지는 시기이다. 운동 기술이 발달하며, 논리적 사고가 가능해진다. 정서적으로는 안정화 되지만 분노와 불안, 좌절감 등을 느끼는 시기이다. 성장 속도는 유아기와 비슷한 속도를 보이며 여자의 경우 빠르면 만 10세부터 2차 성징이 올 수도 있다. 유아기와 비슷한 모습이나 두상이 차지하는 비율이 줄며 운동능력 발달로 높은 활동량을 보인다.

■ 아동기 발달과 운동

- 놀이나 운동에 필요한 신체적 기능을 학습한다.
- 읽기, 쓰기, 셈하기 등 기본적인 지식을 습득한다.
- 학교생활을 통해 규칙과 질서를 배운다.
- 또래와 어울리며 사회성을 발달시킨다.
- 성장과 발달이 왕성한 시기이므로 이 시기의 운동은 성장과 발달을 촉진하는 역할을 한다.
- 각종 움직임 놀이를 통해 다양한 경험을 하는 것이 중요하다.
- 규칙적인 신체 활동을 습관화하여 실천하게 하는 것이 중요하다.

4 청소년기

청소년기는 아동기와 성년기를 연결하는 과도기이다. 만 13~18세까지의 시기로 개인의 생애 주기에서 변화가 많은 시기 중 하나이다. 이 시기에는 신체적, 정서적, 사회적으로 크게 발달하며, 발달이 이루어지는 시기와 속도에 개인차가 있다. 급속한 신체적 변화에 따라 정서, 자아, 대인 관계, 이성에 대한 태도와 행동에 변화를 가지며 추상적, 가설적 사고를 통해 효율적으로 지적 과업을 성취하는 시기이다. 또래들과 어울리면서 부모에게서 독립하려는 성향이 나타나며 성인으로서의 정체성을 확립하기 위하여 갈등하는 시기이다. 성장 급등과 2차 성징으로 인한 남녀 간의 차이가 확실하게 나타나는 시기이다.

■ 청소년기 발달과 운동

- 신체적·지적 발달을 이룬다.
- 긍정적인 자아 정체감을 형성한다.
- 자신의 적성에 맞는 진로를 탐색하며 준비한다.
- 아동과 성인의 어중간한 상태에서 겪는 혼란에 대처하는 기술을 익힌다.
- 청소년기의 활발한 운동은 성장판을 자극하여 키를 크게 하고, 성장 호르몬의 분비를 촉진한다.
- 학업과 일상생활에서 오는 스트레스를 해소한다.
- 욕구를 발산하고 공격적 충동을 건전하게 표출하는 수단이 된다.
- 두뇌에 혈액 공급이 촉진되어 두뇌 기능을 활성화한다.
- 자아의식과 타인에 대한 배려, 공동체 의식을 기를 수 있다.
- 성인이 된 후 운동을 통해 건전한 삶을 가꾸는 데 도움이 된다.

5 성년기

성년기는 신체적, 심리적으로 성숙하며 일생 중 가장 활력이 넘치고 활동적인 시기이다. 만 19~39세까지의 시기로, 사회의 구성원으로서 자기 삶의 방식을 결정하는 시기이다. 일생 중 가장 활동적이고 활력이 넘치는 시기로 대부분 사람은 성년기에 취직, 결혼, 독립, 자녀 출산 및 양육 등 중요한 변화를 겪으며 직업인, 배우자, 부모로서 새롭고 중요한 역할을 담당하는 시기이다. 모든 신체가 인생 중 가장 발달하여 모든 면에서 정점에 있는 시기이다. 2차 성징에 나타났던 발달이 모두 이루어져 남녀 간의 차이가 더욱 확실해지는 시기이다.

■ 성년기 발달과 운동

- 책임 있는 시민으로 역할을 수행한다.
- 개인적 신념과 가치체계를 확립한다.
- 성인의 관점으로 사회적 가치를 수용한다.
- 취업을 통해 경제적으로 자립한다.
- 배우자를 선택하고, 성공적인 결혼 생활을 위해 노력한다.
- 자녀 양육에 필요한 지식을 익히고, 부모의 역할과 책임을 수행한다.
- 건강을 유지하기 위한 생활 습관을 형성한다.
- 성년기에 이르면 신체적 성장과 성숙이 완성되며, 신체적·정신적 능력이 절정을 이룬다.
- 운동은 사회에 적응하는 과정에서 발생하는 정신적 스트레스를 해소하여 의욕적인 생활을 가능하게 하며 직장 동료와의 대인 관계를 원만하게 만들어 업무의 효과를 증진하며 사회생활의 효율성을 높이는 데 도움이 된다.

6 중년기

중년기는 만 40~59세에 이르는 시기로, 사회적 활동을 왕성하게 하며 경제적, 심리적으로 안정된 시기로 노안, 주름, 탈모 등 신체적 노화와 갱년기 증상이 나타난다. 이 시기에는 자녀와 부모를 동시에 보살펴야 하는 이중의 책임감 때문에 스트레스가 발생하기도 하고, 자녀들이 결혼하여 집을 떠나면서 빈 둥지 증후군이 나타나기도 한다. 감각 능력의 감소로 지각 능력이 약화 되고 기억력도 감소되며 여성의 폐경기와 남성의 갱년기 같은 중년의 위기가 나타나기도 한다. 정점에 있던 몸은 중년 시기에 몸의 변화를 더욱 민감하게 느끼며 정신적인 의식의 변화도 동반한다.

■ 중년기 발달과 운동

- 행복한 결혼 생활과 직업 활동을 유지한다.
- 인생의 철학을 확립하며 중년기의 위기를 관리한다.
- 건강 약화에 대비한 심신 단련한다.
- 노화로 인한 신체적 변화를 인정하고 건강을 유지하기 위해 노력한다.
- 편안함과 유대감을 바탕으로 부부 관계를 유지하도록 노력한다.
- 자녀 교육과 노부모 부양을 위한 재정 계획을 세운다.
- 은퇴 후의 생활을 설계하고 준비한다.
- 중년기에 이르면 신체 기능이 저하되면서 각종 생활 습관병에 걸릴 가능성이 커진다. 규칙적인 운동은 노화의 진행을 늦추고 생활 습관병의 예방 및 질병에 대한 저항력을 길러 준다.
- 중년기에 운동을 규칙적으로 하면 신체 기능이 향상되어 자신감을 높이고 스트레스를 해소하는데 큰 도움이 된다.

7 노년기

노년기는 만 60세 이상부터 사망할 때까지의 시기로, 신체 능력과 감각 지각 능력이 쇠퇴하는 시기이다. 신체 능력과 감각, 지각 능력이 쇠퇴하며 의존성이 증가한다. 시각과 청각이 급속도로 약해지며 미각과 후각이 급격히 상실된다. 지능의 경우 추리력이나 도형지각력은 떨어지나 이해력과 언어력은 오히려 상향되기도 한다. 노년기에 들면서 주름은 더욱 늘어나며 피부가 얇아지고 창백해진다. 골밀도가 낮아져 뼈가 약해지며 소화 및 호흡 기능이 약화 된다. 성인기와 비교하면 키가 작아지고 근육량도 줄어든다. 이 시기에는 신체적 쇠약과 은퇴에 적응하며, 변화하는 역할에 융통성 있게 대처할 수 있어야 한다. 오늘날 의료 기술이 발달하고 노년기를 건강하고 활기차게 보내려는 사람들이 많아지면서 중년기와 노년기를 구분하는 것이 어려워지고 있다.

■ 노년기 발달과 운동

- 체력 감소와 노화로 인하여 발생하는 질병에 바르게 대처한다.
- 신체적 노화를 긍정적으로 수용한다.
- 배우자 사별에 대해 준비한다.
- 은퇴로 인한 소득 감소와 시간적 여유에 적응한다.
- 가족이나 이웃과 원만한 관계를 유지하여 소외감과 고독감을 극복한다.
- 죽음에 대비하여 인생을 돌아보고, 남은 삶의 목적을 찾는다.
- 자신의 체력 수준에 적합한 운동을 규칙적으로 하면 건강 나이를 젊게 할 수 있다.
- 노년기의 운동은 신체 기관의 기능 저하를 방지하고 만성 퇴행성 질환을 예방할 수 있으며, 소화 기능과 식욕이 향상된다.
- 운동하며 사람들과 만나 좋은 관계를 유지하면서 정신적ㆍ사회적 외로움을 극복하고 생활의 활력을 얻게 되어 활기찬 생활을 할 수 있다.

■■ 삶 속의 몸

인간의 의미를 한가지로 설명하기 어려운 것은 보이는 것과 보이지 않는 것이 함께 존재하기 때문이다. 보이지 않은 의식은 인간의 몸 안에서 생성되며 보이는 몸은 감정, 생각, 의지, 가치관 등의 인간의 다양한 의식을 대변하듯 드러내고 있다. 인간의 몸은 물질로 이루어진 것이나 인간의 본질은 아니다. 인간을 몸과 마음, 두 가지로 나누어 설명하곤 한다. 그것은 삶이 눈에 보이는 것이 전부가 아니라는 것을 우리는 알기 때문이다. 주어진 시간은 공평하다. 삶 속에서 시간은 인간을 변하게 만든다. 시각적으로 보이는 인간의 모습은 흐르는 시간 속에서 변모시킨다. 몸과 의식의 흐름이 비슷하게 흘러가던 과거와 달리 의식이 몸을 지배하는 현시대에는 나이가 들어도 몸을 관리하며 젊은이처럼 행동하는 것을 볼 수 있다. 이는 몸을 위한 운동, 음식뿐만 아니라 정신적 치유까지 이루어지며 몸은 점차 그 표현력이 달라지고 있다. 이에 인간의 생에서 보이는 몸의 변화와 그 안에 내재한 특성을 살펴보는 것도 현시대를 살아가는 우리에게 필요하다.

1 탄생과 몸

우리의 몸은 태어나면서 존재를 드러낸다. 제대로 가누지도 못하는 불완전한 상태의 몸을 가지고 태어난 아기는 불완전함으로 몸의 성장이 지속한다. 불완전함은 비례가 맞지 않는 몸으로 이를 보호해주어야 하는 개체로 보이도록 만들어진 것이다. 연약하게 태어나지만, 불완전하기에 보호받을 수 있는 그것이 아기가 살아가는 방안이다. 아기는 삼 개월에서 십 개월 사이에는 스스로 목을 가누거나 앉을 수 있으며 붙잡고 일어나는 힘과 근력이 형성된다. 대부분 아기는 일 년 정도가 되면 혼자 설 수 있다. 두 발을 땅에 딛고 서기 위해 다리의 근육뿐만 아니라 팔, 허리와 같은 몸은 많은 근육과 신경을 형성하며 이를 위해 변화된다. 혼자 걷을 수 있게 되면 아기는 엄마의 손을 놓고 혼자서 걸으려는 시도와 함께 높은 곳도 오르내릴 수 있게 된다. 성인은 걷기 위해 큰 노력을 하지 않아도 되지만 아기는 걷기 위해 온 힘을 다해야 한다. 특히, 첫걸음을 떼기 위해서는 더 그렇다. 아기 몸의 체제 변화와 의식의 변화도 함께 일어나는 것이다. 아기의 의식은 설명하기 어렵지만, 가지고 있으며 그것을 표출한다. 아기의 정서는 호기심도 많고 활동력이 넘치므로 움직임에 흥미를 느끼며 움직임을 통해 할 수 있는 운동 기능이 발달하며 몸의 형태가 변모한다. 이처럼 잠재 능력을 개발하기 위해서 유아기부터 여러 가지 요소의 움직임을 경험하는 것이 좋으며, 이를 위해 놀이 중심의 활동이 필요하다. 아기는 불완전한 유기체인 작은 몸으로 태어나고 우리는 그 몸을 축복으로 생각한다. 아기는 마치 화답하듯 울음소리로 대답하며 자신의 존재를 알린다. 운다는 것은 소리를 내는 행위이다. 이는 자신의 삶을 위한 최소한의 몸으로 태어나 소리로 자신을 알리는 행위라 할 수 있다. 그 소리는 의미를 담고 있다. 마치 언어처럼 아기는 자신의 의식을 전달한다. 아기의 몸은 하루하루 변하면서 자신을 전달한다. 빠른 속도로 변모하면서 의심도 없이 순수한 의식으로 자신의 몸을 타인에게 맡기는 것이다. 이처럼 아기의 몸은 단순하고 명료하며 자유로우며, 본능적인 의식을 몸으로 받아들이고 또한, 몸으로 자신의 의식을 드러내며 살아간다.

2 성장과 몸

성장은 변화를 의미한다. 성장은 미숙한 존재에서 성숙한 존재로 변화하는 것이다. 성장한 인간에게 요구되는 것은 '스스로'와 '더불어'의 행동으로 설명할 수 있다. 스스로 산다는 것은 삶의 과정에서 타인에게 종속된 존재에서 벗어나 주체적으로 삶을 살아가는 존재가 된다는 것이다. 더불어 산다는 것은 집단 속에서 타인과 관계를 유지하면서 삶을 살아가는 것을 말한다. 인간이 성장한다는 것은 개인적 주체성을 확립하는 것과 사회적 구성성을 확립하는 것으로 성장은 개인화와 사회화로 설명할 수 있다. 물리적인 성장은 몸의 크기를 변화시키고 변화의 폭이 클수록 성장의 크기도 달라진다. 물리적인 몸에 운동은 성장과 발달을 촉진하는 데 큰 역할을 하므로 규칙적인 운동을 하는 것이 필요하다. 과격하거나 무리한 운동이 아닌 몸의 건강과 단련을 위한 것으로 일상에서 할 수 있는 다양한 활동이 적당하다. 청소년기의 운동은 성장 호르몬의 분비를 촉진하며 성장에 도움을 준다. 성장은 몸을 변화시킨다. 키를 크게 하며 골격을 바꾸는 혁신적인 변화를 겪는 시기로 성장은 중요한 단계이다. 성장을 하는 몸은, 몸의 변화뿐만 아니라 의식의 변화가 크게 일어난다. 물리적 행태인 호르몬의 변화는 자의식을 강하게 드러내며 정체성의 혼란을 겪으며 이를 통해 자아를 확립하는 것을 볼 수 있다. 이러한 자의식의 고취와 함께 타인과의 관계를 중시하는 공동체 의식이 발달 되며 배려와 양보 등의 사회적 활동 의식이 고차원으로 발전하게 된다. 또한, 신체도 현격히 변화하며 남녀간 성별의 차이가 확실하게 이루어진다. 이처럼 물리적인 성장과 함께 인간 내면의 의식이 빠르게 변화하는 시기이다. 특히, 두뇌에 혈액 공급이 촉진되어 두뇌 기능을 활성화되므로 영양적인 면이나 정서적인 면의 균형 있는 발달이 요구된다. 그러므로 운동을 통해 신체적 성장을 도모하며, 욕구를 발산하고 공격적 충동을 건전하게 표출하는 것이 필요하다. 성장을 하면서 느끼는 몸의 변화는 두뇌활동의 자극을 동반하며 호르몬의 급격한 분비로 인한 감성적 조절 능력이 필요한 시기이다. 이를 위해 자신을 돌아볼 수 있는 시간을 가지며 앞으로 다가올 삶의 과정을 인지할 수 있도록 교육적 방안이 요구되는 시점이다.

3 여자와 남자, 몸의 의미

성년이 되면 우리의 몸은 신체적 성장과 성숙이 완성되며, 능력이 절정을 이루는 시기이다. 이때는 이미 남녀의 차이가 확실히 나타나게 된다. 남자는 골격이 길고 두꺼워지며 하관의 발달과 함께 손과 발의 크기가 커지고 체모가 늘어나게 된다. 여자의 경우 대체로 골반이 커지고 가슴이 생기고 허리가 가늘어진다. 이러한 변화에 몸의 균형이 무너지기도 하지만 시간이 흐르며 점차 회복 된다. 또한, 남자는 근육이, 여자는 지방이 몸에서 차지하는 비율이 늘게 된다. 신체적인 몸은 더 변화가 이루어지지 않는 시기이다. 모든 신체가 인생 중 가장 발달한 시기이며 모든 면에서 정점을 찍는다.

성징에 나타났던 발달이 모두 이루어져 남녀의 차이가 분명하다. 절정기 여자의 몸은 많은 변화를 겪는다. 임신을 통해 몸의 변화가 나타나며 이와 함께 생명에 대한 의식적 성찰이 동반된다. 몸을 통해 새로운 인생을 만드는 행위는 인간이 할 수 있는 가장 거룩한 행위로 여기며 생명의 고귀함을 경험하게 된다. 이는 이 시기에 가장 아름다운 행위로, 몸은 아름다운 의식과 함께 드러나며 열정적인 모습으로 나타난다. 여자나 남자나 인간의 삶의 주기에서 가장 많은 활동을 하는 시기인 성년기는 사회인으로 살기 위한 직업을 가지며, 결혼을 통해 가정을 만드는 여자와 남자로, 부모로, 사회활동을 이루어낸다. 또한, 정체성의 확고한 확립과 가치관 사회적인 의미와 가치를 추구하고 이해하는 구체적이고 의식적 활동이 광범위하고 깊게 진행된다. 삶에서 의미를 생각할 때, 일생 중에서 가장 건강하고 강한 몸과 건전하고 바른 의식으로 자신을 표출하는 결정적인 정점의 시기이다. 중년이 되면서 감각 능력의 감소로 지각 능력이 약화 되고 기억력도 감소하며 여자는 폐경기를, 남자는 갱년기와 같은 몸과 마음의 위기를 경험하게 된다. 몸이 노년을 향하는 듯, 절정기의 몸에서 중년의 몸으로 변화하는 것을 민감하게 느낀다. 주름이 늘어나며 완력이 약해지기 시작하고 때에 따라 머리카락의 탈색이 진행되며 남자의 경우 두상에 탈모가 오는 경우가 있다. 남녀 모두 몸속 호르몬의 변화는 여성성과 남성성의 혼재를 만든다. 여자는 남성적인 면모를, 남자는 여성적인 의식의 변화를 동반하는 것을 경험한다. 현시대는 몸을 위한 노력이 자연스럽게 이루어지고, 직업 활동의 지속적인 진행으로 젊은 몸을 만들고 지닐 수 있으나, 남녀 모두 회복력이 줄어들어 운동량이 현저하게 감소하기 시작한다.

4 죽음과 몸

인간을 죽음으로 향하는 존재라 하는 철학자도 있고, 산다는 것은 무덤을 향하여 한 발자국 한 발자국 다가가는 과정이라고 말한 소설가도 있다. 사람은 죽지 않으면 안 되고, 한번 혼자서 죽는다. 그리고 그것은 삶의 끝이다. 누구도 피하지 못하고 거부하지 못하며 온몸으로 받아들여야 한다. 그러므로 이러한 죽음이 과연 무엇인가라는 의문은 되풀이된다. 몽테뉴(Montaigne, M.)는 수상록에서 다음과 같이 적고 있다. '어디에서 죽음이 우리를 기다리고 있는지 모른다. 곳곳에서 기다리지 않겠는가, 죽음을 예측하는 것은 자유를 예측하는 일이다. 죽음을 배운 자는 굴종을 잊고, 죽음의 깨달음은 온갖 예속과 구속에서 우리를 해방한다.'며 인간의 죽음과 자유를 같은 의미로 표현하였다. 노년기의 몸은 새로운 생명의 길인 죽음을 준비한다. 죽음은 마지막을 의미하는 것처럼 보이지만 삶의 의미를 되새길 수 있는 삶의 일부인 것이다. 죽음과 탄생을 마치 순환의 고리처럼 연결하여 인생을 설명하는 것을 보면 알 수 있다. 죽음을 통해 삶을 기억하고 받아들이는 이 시기는 남아 있는 삶을 마무리하기 위해 정리하는 준비가 필요하다. 기력이 약해진 몸은 그 의식을 통해 더욱 강하게 자신을 전달한다. 인간의 몸이 연약해짐에 따라 타인을 이해할 수 있는 의식의 변화를 함께 보인다. 즉, 자신의 생명을 마무리하는 죽음을 준비하는 시기인 동시에, 의식적 훈련을 통해 새롭게 태어나는 생명을 보듬고 양육할 수 있는 시기라고도 할 수 있다. 물리적인 몸은 쇠퇴한다. 나이가 들면 체력은 감소하고 노년으로 들어가며 늙어가는 것이다. 현시대는 몸에 좋은 음식을 먹고 운동을 쉽게 할 수 있는 좋은 환경으로 노년의 시기를 늦추며 활동력 있게 살아가는 것을 볼 수 있다. 자신의 체력 수준에 적합한 운동을 규칙적으로 하면 몸을 건강하게 할 수 있다. 신체 기관의 기능 저하를 방지하고 소화 기능과 식욕을 향상되면서 질환을 예방할 수 있다. 또한, 운동하며 만나는 사람들과 좋은 관계를 유지하면서 정신적인 외로움을 극복하고 생활의 활력을 얻을 수 있다. 또한, 의학의 발달로 죽음을 관리할 수 있는 시대이다. 그러나 의학이 인간의 몸을 영원히 살게 할 수 없다. 이 시기는 자신의 몸을 향한 의식보다 이타적인 사랑을 실천하므로 생명에 대해 봉사하며 죽음을 준비하는 것이다. 죽음은 어떤 형태로 다가올지 우리는 알 수 없다. 생을 모두 누리고 기력이 쇠진하여 생명이 멈추는 자연사가 있는가 하면, 뜻하지 않은 이유로 죽음을 맞는 우연사가 있으니. 우리의 몸은 죽음을 받아들이기 위해 연약해지는 것이다. 이를 거부하는 마음보다 자연스럽고 자유롭게 자신의 몸을 맡기자. 삶의 일부이며 끝이며 새로운 시작으로서 죽음을 맞이하기 위해 자신의 존재를 돌이켜 천천히 들여다보며 어떤 삶을 살아왔는지, 내게 주어졌던 삶의 의미가 무엇이었는지 성찰하며 살아온 시간을 정리하자.

CHAPTER

3

동·서양의 몸

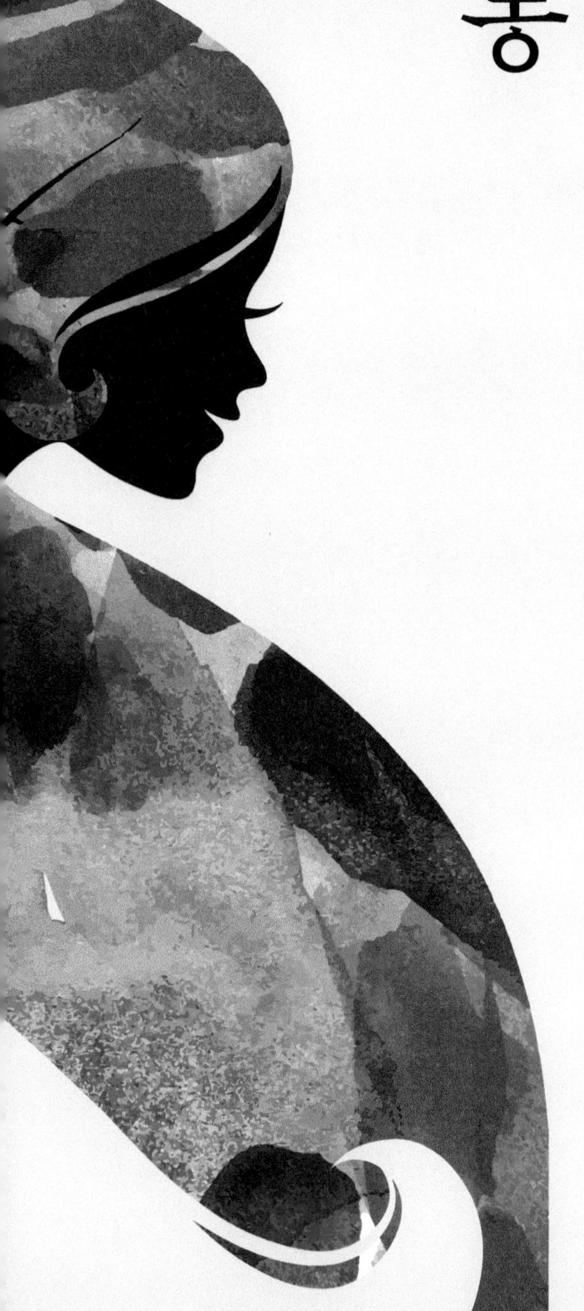

동양의 몸 | 서양의 몸

동양과 서양의 만남은 예부터 이뤄져 오늘날 문화교류로의 이름으로 발전하였다. 헤라클리투스에서 하이데거까지 서양에서 이르는 존재의 의미는 동양의 유교, 노자, 부처, 테쑤로 와쑤지, 틱낫한에 이르기까지 사실상 동일하게 해석된다. 동양과 서양의 사상이 곧 상호적인 관계에 있음을 보여주는 것이다. 이러한 상호존재적 의미의 중심에는 몸에서 시작된 인간의 사회화가 내재되어 있다. 즉, 몸은 동양과 서양의 공통적으로 몸은 존재론적 의미를 가진다는 것이다. 몸의 존재론적 사상에서 메를로 퐁티(Maurice Merleau-Ponty)는 "세계는 몸과 같은 것으로 이뤄져 있다"고 하였다. 몸은 세상에서 가장 활동적인 유기체이자 우월성을 가지는 형태적 존재로서 정신은 단 하나의 몸에만 연결되어 있음을 밝혔다. 동양과 서양의 문화를 바탕으로 아름다운 몸의 모습의 차이를 살펴본다.

:: 동양의 몸

본래 '동양'은 명료한 기준을 가진 용어라 할 수 없으나 흔히 근대화 이전의 중국으로부터 영향을 받은 한국이나 일본, 인도까지를 포함시켜 떠올릴 것이다. 하지만 서양인들에게 대표적인 동양지역은 아랍국가일 확률이 높다. 이는 동서를 나누는 기준이 지중해에서 비롯되었기 때문이다. 하지만 동양이라는 용어에 한국, 중국, 일본, 인도의 국가가 떠오르는 것은 무엇일까? 이는 '동양학'의 개념을 만들어낸 일제 강점기에서 시작된다. 동양학에서 동양론은 동양문화론과 동일할 정도로 매우 유사하다. 동양의 문화는 동양 사회의 가장 포괄적인 사유와 행동양식을 담고 있다. 동양문화란 인간의 어떠한 양식을 나타내는 존재이자 절대적 존재, 정치적, 도덕적, 미학적 신념을 파생시키는 대변인이 되기도 하였다.

1 동양의 문화

동양에서 문화는 크게 세 가지의 의미를 갖는다. 첫째는 자연과 대비되는 존재론적 범주에서의 유일성이란 의미이다. 인간의 가장 일반적인 의미이자 인간의 존재론적 의미와 일치하는 것으로 '자의식을 가진 비유전적 인간 공동체의 표현체계 및 산물', 또는 '집단 구성원으로서의 비유전적인 인간이 획득하고 생산한 총체'라

정의한다.

둘째는 이성을 가진 동물로서의 인간이 특수한 물질적, 관념적, 기술적, 제도적, 언어적 산물과 관습, 사회적 관계를 통해 문화를 이룸을 의미한다. 인간을 자연과 구별된 우월의 존재론적 관점과 대비되는 것으로 문화는 사람들의 생활방식을 표시하기 위해 인간의 신념, 태도, 지식, 금기, 가치 등이 생겨나고 일, 행동방식, 사고방식, 감정, 지식, 신앙, 도덕, 풍속 등이 파생된다고 보고 있다.

셋째는 인간 문화는 좁은 의미로서 인간 활동이나 생산물로 인한 가치창조 활동 표현에 지나지 않음을 의미한다. 때문에 어떠한 철학적, 문학적, 종교적, 예술적인 활동이나 물리적 생산물을 총칭하는 개념으로만 사용된다고 본다. 이러한 동양의 문화적 특성은 종교적 맥락에서 찾을 수 있다.

■ 동양문화의 특성

동양문화의 특성은 근대화 이전 시대의 동양문화를 말하며 유교에서 쉽게 찾아볼 수 있다. 유교는 동양문화를 지배하는 세계관이자 동양을 대표하는 사상으로 고대 중국의 하·은·주 시대의 음양사상을 근본으로 하는 동양의 뿌리 깊은 종교이다. 이러한 유교는 특히 도교와 경쟁하면서 주자학에 의해 체계화되었고, 이후에는 중국, 한국, 일본의 윤리, 사회, 정치, 교육의 핵심적인 이념으로 확산되었다. 대표적인 동양의 관심과 문제의식은 인간자신에 있다. 서양이 인간자신 보다는 자연현상에서 답을 찾고자 하였다면 이와 반대로 동양은 인간을 중심으로 판단하였다. 인간에 의해 창조된 문화는 현명한 문화, 또는 죄의 문화 혹은 수치의 문화로 평가되었고 성인의 문화 또는 군자의 문화로 판단되었다. 이것은 과학적인 특성의 서양문화와 달리 인문적 소양을 함양하고 있는 동양문화의 특성을 보여준다. 유교에서 인간의 관심은 신이나 저승의 영혼이 아닌 실체적 인간이나 현세적 문제에 있었다. "사람 하나도 섬길 수 없으면서 어떻게 귀신을 섬길 수 있겠는가.", "삶을 모르는데 어찌 죽음을 알 수 있는가."의 대목에서 볼 수 있듯 자연적이고 구체적이며 실천적인 것이 동양문화의 특징이라 할 수 있다.

공자가 말하길 "인간으로서는 새나 짐승과 함께 살 수 없는 것이니, 내가 사람들과 함께 살지 않으면 누구와 함께 살겠는가"라 했으며 인간의 구체적인 일상, 사회적, 도덕적, 정치 철학적인 문제를 주로 논한 것 역시 동양문화의 근본인 유교사상에서 비롯된 것이다.

■ 동양문화의 미학

동양의 갈홍(葛洪)은 "조화롭지 않으면 미가 아니다"라 하였다. 동양사상에서 아름다움은 조화로움과 밀접하게 관련된다. 인간과 자연의 관계를 중요하게 여기고 상생하기 위한 방법을 찾는 것을 동양미학 사상이라 말할 수 있다. 동양에서의 아름다움은 단순한 본질적 미의식을 넘어 감성의 영역을 포함한다. 동양에서는 마음을 다스리기 위한 정신 역시 하나의 아름다움이 될 수 있고, 사상이나 논리도 아름다움을 논하는 미학이 될 수 있다.

동양의 미(美)는 크게 천(天), 지(地), 인(人)을 기준으로 하고 있으며 의복, 장신구, 문양 등을 중심으로 동양의 미의식이 표현되었다. 한국의 전통복식은 자연을 상징하고 기원을 담은 문양 장식을 의복에 새겨 넣었고 이 외에도 동물문양, 자연문양, 인물문양을 통해 만물의 조화를 표현하였다.

천(天)은 사유의 개념으로 유동성과 변화성을 의미하기에 일정한 규칙에 의해 어우러질 수도 있고 무(無)에서 유(有)를 창조할 수 있음을 뜻한다. 한국복식의 색동은 색상 조합이 규칙적으로 반복되는 전통복식으로 반복되는 색에서 유동성을 느낄 수 있다. 이러한 색동은 본래 조선시대 여인들이 오복을 기리는 음향오행설을 바탕으로 오방색의 작은 비단 조각을 모아 한 데 연결하여 원단으로 만들어 지은 의복을 말한다.

지(地)는 곧 자연을 의미하며 나아가 자연의 순환을 뜻한다. 이는 자연과 인간의 유대관계를 유지하여 훗날 자연으로 귀화하는 인간의 모습을 의미하기도 한다. 지(地)는 동양미학적 관점에서 인간과 자연의 관계를 상징한다. 인간이 자연과 하나가 되고자 하는 순환의 이치를 말하며 대표적으로 동양 의복의 자연스럽고 유연한 선의 흐름에서 찾을 수 있다. 동양 의복의 실루엣은 직선과 곡선이 조화를 이룬 자연스러운 형태로이다. 예를 들어 한국복식의 저고리 도련, 섶, 배래, 당의의 곡선 등이 있다. 또한 옷의 염색에 있어서 역시 자연에서 유래된 천연 소재로 천연 염색을 하는 것 역시 색과 소재로부터의 지(地)의 사상적 아름다움이 표현된 것이라 할 수 있다.

인(人)은 인간을 의미한다. 인간은 곧 질서와 중용을 말하는데, 질서란 인간이 만들어낸 도덕과 예, 사상을 말하며 중용은 인의 예지(仁義禮知)를 일컫는다. 이는 도의 정신으로 실천적인 사상을 받아들여 인간간의 조화를 이루게 된다. 이러한 천·지·인의 미적 사상은 다양한 영역으로의 반영을 통해 동양 미학사상으로 발전하였다. 인(人)의 아름다움은 무엇보다 도덕과 예를 중요시하고 있어 유교적 사상에서 주로 해석되는 경우가 많다. 동양문화에서 여성들의 복식이 주로 윤곽이 드러나지 않는 실루엣을 형성하는 것 역시 인(人)의 아름다움에 의한 것이다.

인의예지(仁義禮智)의 정신적 요소는 대표적으로 소박미와 절제미로 표현되었는데, 이를 인간의 이상향으로 여겼기에 정신세계를 정화하기 위해 주로 의복의 색상과 소재로 표현하였다. 조선시대 왕족의 의복에서도 소재는 삼베, 모시, 명주, 무명을 주로 사용했고 백색과 옥색을 주조색으로 한 유사배색이 주로 사용되었다.

이처럼 동양의 아름다움은 '조화'와의 관계가 짙고 인간과 자연, 인간과 인간, 또는 무(無)에서 유(有)를 창조하여 어울림의 문화를 기반으로 파생하였다.

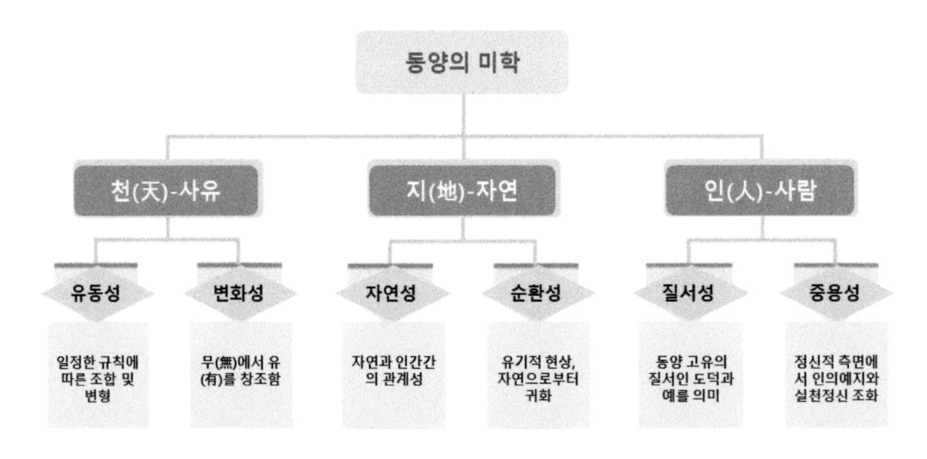

[그림 3-1] 동양의 미학사상

2 동양의 몸 문화

동양에서 몸은 복잡한 인간관으로 해석된다. 서양이 물질적 측면에서 인간의 몸을 바라본다면 동양은 기(氣)라는 생명력이 모여 몸을 이룬다고 생각하였다. 때문에 정신은 육체와 분리될 수 없는 한 가지의 것으로 보았고 동양에서는 몸과 정신을 분리하지 않아 현세와 내세를 구분하지 않았다. 이는 서양의 예술이 인간의 몸을 주로 다루고 있는 것에 비하여 동양의 예술은 인간의 몸 보다는 자연의 아름다움을 주로 다루고 있다는 것에서 인간의 몸은 곧 자연이 될 수 있고, 자연을 느끼는 정신이 됨을 보여준다.

동양은 인간을 만물의 영장이며 지혜라는 특수한 능력이 있다고 보았으며 몸은 우주 대자연의 흐름과 같아 우리 몸에 기가 운행한다는 성리학과 한의학의 몸 이론이 생겨나기도 하였다. 동양의 몸 문화는 주체적인 몸을 기준으로 육체와 정신의 통합을 전제로 하는 인간의 단련 방법을 탐색해 왔으며 유교의 수신(修身), 도교의 수련(修鍊), 불교의 수행(修行) 실천을 통해 이상적인 조화와 균형을 찾고자 하였다.

■ 오행사상과 동양

오행은 자연이 인간에게 부여한 기(氣)의 다섯 가지 운동방식을 말한다. 이를 바탕으로 몸 안의 생체리듬을 파악하여 건강을 파악하는 오체가 생겨났으며 한편으로는 음양오행에 입각하여 외적인 자연과 어우러진 자연스러운 아름다움으로의 관상학이 생겨났다. 먼저, 오체는 근조(筋爪), 맥색(脈色), 육순(肉脣), 피모(皮毛), 골발(骨髮)이라 하여 오장이라 하는 몸의 장기와 짝을 이룬다. 근조는 우리 몸의 간(肝)과 짝이 되어 손톱이 자꾸 갈라지는 경우 간이 좋지 않음을 예상하게 하며, 맥색은 심장과 짝을 이뤄 심맥색이라 하고 얼굴이 칙칙해 검은 빛이면 심장에 문제가 있음을 알 수 있다. 육순은 비장과 짝을 이루어 살과 입술이 부드럽지 못하고 단단하고 아프면 비장에 문제가 있는 것으로 볼 수 있다. 피모는 폐와 짝을 이루어 폐피모라 부르며 피부에 아토피가 있음은 곧 폐에 문제가 있기 쉬움을 의미하고 골발은 뼈와 머리카락으로 신장과 짝을 이뤄 신골발이라 하여 머리카락이 푸석거린다면 골다공증의 전조증상이 될 수 있다고 보았다.

■ 얼굴과 오행사상

동양의 음양오행은 관상학에 영향을 미치며 자연을 닮은 외모를 곧 아름답다고 하였다. 얼굴형의 경우 십자상(十字相)이라 하여 얼굴의 형태가 갑(甲)자 형으로 이마는 넓고 턱은 갸름한 얼굴형을 아름답다 하였으며 하늘이 풍족하고 땅이 풍부한 자로서 부하게 될 관상으로 보았다. 하지만 지위와 명성은 따르나 재물의 운은 비교적 부족하다고 보았다.

전자상(田字相)은 전(田)자 형의 모양으로 사방이 넓은 형태의 얼굴형이지만 형태가 뚜렷하며 이마와 턱이 특히 넓은 것이 특징이다. 이러한 상은 후천적으로라도 재물운이 따른다고 보았다.

신자상(申字相)은 이마가 좁고 턱은 갸름한 얼굴형으로 하늘과 땅이 부족하나 중심 얼굴인 눈썹의 좌우에서 코끝의 좌우까지의 얼굴 중앙부가 특히 발달한 얼굴형이다. 이들은 스스로 개척하는 운명을 가진 이들이 많고 성실하고 인내심이 강하며 저돌적인 성격이 특징이다.

동자상(同字相)은 얼굴의 형이 길고 넓으며 양쪽 광대뼈가 발달하여 각이 분명한 형태로 얼굴의 전체적인 상, 중, 하가 모두 발달된 관상이다. 이러한 상은 전체적으로 풍족한 상으로 천, 지, 인이 갖춰져 가장 좋은 관상으로 평가받았다.

유자상(由字相)은 좁은 이마와 풍만한 턱에 긴 얼굴형을 말하며 토지의 기운은 넉넉하나 하늘의 기운이 부족한 것으로 윗사람의 덕이 아쉬워 자신이 자수성가할 상으로 보았으며 침울해지기 쉬운 성격으로 낙심함을 경계해야 한다고 하였다.

원자상(圓字相)은 둥근 얼굴형이자 눈과 귀의 이목구비 역시 모두 둥근형태가 특징이며 귀한 상은 아닌 경우가 많았다. 남자로는 좋은 상이 아니며 표면상으로는 훌륭히 보일 수 있으나 자세히 파악한다면 부족함을 간파할 수 있어 유심히 사람을 살펴야 하는 상이라 하였다.

목자상(目字相)은 눈썹 사이의 인중이 가깝고 턱이 좁은 긴 얼굴형으로 부귀와 장수를 누리기 어려운 얼굴형이라 하였으며 운세가 부족한 하급의 상으로 평하였다.

왕자상(王字相)은 뼈가 드러나도록 살이 부족한 얼굴형으로 음기가 부족한 얼굴형이라 하였으며 집착이 강하고 기모와 계산에 능한 것으로 보아 간사하며 교활한 측면이 있다고 하였다.

용자상(用字相)은 좌우가 대칭되지 못하거나 균형 잡히지 못한 얼굴형으로 특히 귀의 균형이 맞지 않거나 턱이 비뚤어지는 등 윤곽이 불균형한 상태를 말한다. 이들은 성격이 불안정하고 기묘하여 순탄하지 않은 운세를 경험할 수 있다고 하였다.

풍자상(風字相)은 이마가 매우 넓고 살이 많은 얼굴형으로 특히 이마와 턱이 매우 넓은 얼굴형이다. 이러한 관상은 좋은 관상이라 하기 보다는 많은 어려움을 겪을 수 있는 관상으로 해석되었다.

■ 눈썹과 오행사상

동양의 몸 문화 가운데 눈썹은 인간의 성격, 능력, 의지, 지능을 나타낸다고 여겼다. 눈썹은 동물에게 없는 인간 유일의 것으로 매우 중요한 신체일부이자 감정을 드러내는 표정의 부분으로 눈을 돋보이게 한다. 눈썹의 형태는 크게 세 부분으로 구분하여 해석할 수 있으며 짙은 눈썹은 의지가 강하고 말이 없는 편으로 리더의 기질이 있다고 판단했으며 대범한 성격이라 보았다. 엷은 눈썹은 얌전하고 지적인 성격으로 보았으나 진취력이 부족하거나 의지가 미약하여 치밀함이 필요하나 상대를 설득하는 재치가 뛰어나다고 보았다. 긴 눈썹은 상대의 마음을 잘 읽는 기질을 가지고 있고, 넓은 도량과 경제적 여유가 따르는 것으로 보았다. 짧은 눈썹의 경우는 고독한 관상으로 보아 대인관계가 좋지 못하거나 걱정이 많은 성격이라 하였으며, 끝이 올라간 눈썹은 자존심이 강해 타협이 어렵고 협조심이 부족한 것으로 보았다. 끝이 내려간 눈썹은 타인에게 베푸는 동정심이 깊고 보복심이 없어 주위의 사랑을 많이 받는 관상으로 보았고, 두꺼운 눈썹은 적극성이 강하여 진취적으로 돌진하는 상으로 보았다. 가는 눈썹은 소극적이고 우유부단한 성격으로 보았고, 초승달 모양의 눈썹은 얌전한 성격에 지혜로우나 수동적인 사람이 많고 형제간의 우애가 두터운 관상으로 보았다. 두 갈래로 갈라져 눈썹의 선이 분명하지 못한 경우는 이성에게 인기가 있으며 쾌락적인 생활을 추구하는 상으로 보았고, 두꺼우며 일자에 가까운 눈썹은 대담하고 의지력이 매우 강하여 검을 다루는 무인들의 초상에서 주로 찾을 수 있는 형이라 할 수 있다. 가늘고 일자 형태의 눈썹은 자존심은 강하지만 인내심이 부족한 것으로 보았다.

[그림 3-2] 오행과 눈썹의 모양

■ 눈과 오행사상

동양문화는 유교사상의 영향을 크게 받아왔기 때문에 신체의 아름다움을 논하기보다는 얼굴의 아름다움을 이야기 하고는 한다. 이에 관상학이라 하여 자연과 잘 어우러지고 천, 지, 인이 따르는 얼굴을 아름답다고 하였는데 특히 눈은 안목이라 하여 가장 중요한 관상의 부분을 차지하고 있다. 눈의 아름다움은 크게 눈동자, 속눈썹, 눈꺼풀, 전체적인 눈의 형태로 세분화되며 사람의 운세와 관련이 깊다고 알려져 있다.

눈 꼬리가 올라간 눈은 감정의 변화가 심한 경우가 많지만 진취적인 기상이 강하고 행동력이 강하여 출세가 빠르며 신념과 행동력이 강하여 목표를 이뤄낸다는 특질이 있다. 눈 꼬리가 내려간 눈은 내성적이거나 순종적인 성격으로 부드러우면서 세심한 성격이 있다. 행동이 느리나 가정적이고 온화하고 애교가 있어 부드러운 인상을 줄 수 있다. 큰 눈은 명랑하고 감수성이 강하며 낙천적이다. 남성의 경우 용기 있고 눈치가 있는 사람이며 예술적 감각이 뛰어난 것으로 본다.

작은 눈은 수수한 성격의 내성적인 사람이 많으며 이들은 폐쇄적이고 비밀이 많다. 하지만 의지가 굳고 관찰력이 강하며 엄격하다. 동그란 눈은 호감의 인상을 주며 적극적이고 인내심이 곧은 것으로 본다. 가는 눈은 사려가 깊지만 의심이 많지만 정에 약한 경우가 많다.

쌍꺼풀이 짙은 눈은 유쾌한 성격으로 침착함이 아쉽지만 감정에 좌우되기 쉬우며 체념하기 쉽다고 본다. 한 꺼풀인 눈은 냉정, 침착한 성격의 의지가 강하고 말이 없는 것으로 본다. 들어간 눈은 생각이 깊고 이해력이 풍부하며 영리한 사실주의자로 보고, 튀어나온 눈은 관찰은 빠르나 기억력은 좋지 않다. 명랑하고 쾌활한 것으로 본다.

눈 사이가 먼눈은 넓은 시야를 가지며 느긋한 성격으로 보며 눈 사이가 붙은 눈은 감수성이 날카롭기 때문에 긴장되어 있고 무뚝뚝한 성격이 강한 것으로 본다.

:: 서양의 몸

서양문화는 지중해 연안을 중심으로 발생하여 기독교 종교가 확산되었다. 이에 기독교를 중심으로 그리스 철학 사상이 뿌리를 내렸으며 분석적이고 엄밀하며 비타협적인 사상이 자리를 잡아 서양문화를 이루었다. 서양은 자연을 정적이고 공간적인 것으로 파악하였으며 어떠한 규칙적인 법칙이 존재한다고 인식하여 인간이 자연을 사용하여 융합할 수 있는 물질적 개체로 보았으며 자연의 질서는 가치중립적인 것으로 기계적인 인과율에 따른다고 하였다. 이에 서양의 문화는 균형과 수치에 민감하게 반응하여 예술과 건축양식에 있어서도 많은 영향을 받았으며 오늘날 우리에게 잘 알려져 있는 파르테논 신전의 건축비율이나 비너스상의 황금비율 역시 이러한 서양사상의 영향에 의한 것이라 할 수 있다.

1 서양의 문화

서양은 계몽주의와 자본주의 사상을 경험하면서 근대에 이르러 아름다움을 정신적인 가치로 설명하고자 하였다. 이는 경험주의로 이어져 미적 표현을 위해서는 직접 경험이 필요하다는 사상이 생겨났으며 조셉 터너(Joseph Turner)는 폭풍을 직접 체험하고자 하였고 낭만주의 화가 데오도르 제리코(Theoodore Gericault)는 말과 인간의 관계 이해를 위해 승마를 즐겼다. 20세기에는 예술이 어떻게 비판성을 이뤄낼 것인가에 초점이 맞춰지기 시작했고 정치적 파문이나 지배층과 피지배층의 인간사회 관계를 밝힘이 예술에 의해 표현되었다.

사회주의 이후에는 사진이 급진적으로 발달하면서 특히 인물사진의 영향력이 매우 커졌고 글이 아닌 이미지로 이야기를 시도 사진을 다른 예술이라 여겼다. 하이데거는 뒤러의 동물그림에서 동물의 본성이 전달된다고 하였으며 반 고흐의 구두 그림에 대하여 농부의 고된 발자취가 드러난다는 새로운 의미를 부여했다. 이는 훗날 진리, 또는 해석학이라 불려 프랑스의 심리분석학자 자크 라캉(Jacques Lacan)에게 이어졌다. 자크 라캉은 심리를 근원으로 무의식적 창조물에 기반을 둔 예술을 아름다움이라 하였고 로렌조 베르니니(Lorezo Bernini)의 조각 '성 테레사의 환희(The Ecstacy of St Theresa)'에서 확인할 수 있다고 하였다. 후에 포스트모더니즘 문화와 다국적 기업의 등장, 그리고 앤디 워홀의 작품이 대량생산되고 패러디와 팝아트가 성행하면서 가상의 미학이 대두되게 된다. 1960년대 나타난 팝아트는 당대 따뜻함을 떠올리게 하였던 추상적인 표현과는 대비된 차가움의 표현방법이었다. 이를 기점으로 압축된 암호화와 기호학적 의미가 예술로서 표현되고 오늘날에는 페미니즘 미학과 포스트모더니즘의 미학, 자크데리다와 해체주의의 그로테스크의 반미학까지 다양한 미학적 범주가 광범위하게 수용되고 있다.

■ 서양문화의 특성

서양의 문화는 지중해로부터 발생된 그리스 문화와 기독교 문화를 두 축으로 발전되었으며 동양과 마찬가지로 자연과 함께 문화를 이루었다. 이에 서양에서 크게 다섯 가지 자연관이 발생하였는데 이는 다음과 같다. 첫째, 자연을 규칙성을 지닌 존재로 보았다. 지중해성 기후의 온난습윤한 겨울과 고온건조한 여름은 기후의 변화가 규칙적이고 유순한 바다로 지속적인 자연환경을 지녔다. 이러한 자연환경 속에서 규칙적인 자연 변화 법칙을 깨달았으며 자연은 사람이 이용할 수 있게 주어진 물질이라는 사상이 생겨나기 시작했다. 이러한 자연관은 자연을 지배하려는 서양인들의 사상은 아니었으며 자연에 융합하고자 하는 사상이었다.

둘째, 인간은 이성을 지닌 존재로 자연을 바라본다는 것이다. 동양의 사상에 의하면 인간의 이성은 불완전하여 수양이 필요한 것으로 보았으나 서양에서는 인간의 이성을 동물과 구별되는 인간 본질적 특징으로 사물을 바르게 판단할 수 있는 올바른 능력으로 보았다. 때문에 자연을 사용하여 어려운 환경에 활용함에 당위성을 뒷받침할 수 있었다. 인간은 자연을 운동하고 있는 물질적 세계이며 이들은 생명력과 영혼에 기인하는 것으로 보았으며 고대 그리스인들은 부의 축적과 함께 상호 의논과 사색의 자유로 일생을 누렸다. 때문에 그리스인들은 자연 속에 정신이 내재되고 있다고 여겨왔고 이로 인하여 자연과학이 발생되었다고 보고 있다.

셋째, 원소설이라 하는 입자론이다. 이는 본질적인 물질에 관한 것으로 동양의 유기론이나 오행설과 대립되는 이론이다. 일례로 탈레스는 물을 우주의 근본이라 하였으며 아리스토텔레스는 5원소설을 제기했고 데모크리토스는 원자론을 제시하여 오늘날의 물리학으로도 연계되고 있다.

넷째, 자연 속에서 모든 것이 독립되어 완벽하게 존재하며 이것은 변화하지 않는다. 서양에서는 우주의 모든 천체는 불변한다는 우주관을 가지고 있었다. 이러한 관념은 자연이 정적인 공간이라는 사상에서 파생된 것으로 자연이 끊임없이 움직인다는 동태적인 자연관과 대립되는 모습이라 할 수 있다. 이에 서양의 과학은 일정한 규칙에 의해 움직이는 불변의 자연 법칙을 찾아내어 분석하며 원리를 밝혀냄에 근원을 두고 있다.

다섯째, 기계론적 관점에서 자연 질서를 바라보았다. 서양은 자연의 변화와 움직임을 기계적 인과관계로 알 수 있다고 하였다. 이는 자연을 하나의 생명체로 인식하였던 동양사상과 달리 자연을 물질로써 간주하는 서양 사상의 모습을 보여준다. 데카르트와 뉴턴은 자연을 순수하게 물질로만 바라보았고 물질간의 관계와 움직임의 법칙을 설명하고자 하였으며 설명의 방법으로 자연을 활용함으로써 물질로써 자연을 사용하였다.

■ 서양문화의 미학

미학은 본래 철학과 관계가 깊으며 오늘날의 예술적 아름다움과 디자인에 연결된 사상이라 할 수 있다. 특히 서양문화의 아름다움을 논하는 서양 미학에 있어서는 소크라테스와 플라톤이 빠질 수 없는데, 소크라테스는 용기와 강인함의 전사적 특성에 반대하고 지혜와 미덕에 가치를 두었던 철학자이다. 그는 다른 그리스 학파와 차별화된 사람이었고, 플라톤은 신을 초월적 영역에 존재하며 그 아래에 인간이 살고 있다고 하여 세상은 곧 초월적 영역의 모방이라 하여 예술을 혹평했었다.

하지만 플라톤과 달리 토마스 아퀴나스는 아름다움 즉, 미(美)는 조화롭고 평화로운 상태를 만든다고 하여 예술을 높게 평가했으며 아름다움을 지각하는 과정에서 시각적 경험과 함께 인식이라는 앎의 능력을 얻을 수 있다고 주장했다. 이는 단순한 쾌의 감각적 만족이 아닌 지적 능력까지도 아름다움으로부터 얻을 수 있음을 보여주는 것으로 아퀴나스 역시 지적 능력과 아름다움을 결부시켰고 서양문화의 기독교적 세계관은 이러한 변화를 받아들이기 시작했다.

이후 중세시대는 시와 음악이 토론의 대상이 되었으며 문법, 대화와 수사학, 산수, 음악, 지리, 천문학과 함께 7개 교양 교과목에 포함되었다. 르네상스 이후에는 모방의 개념이 도입되면서 사실적 표현과 자연적 효과를 추구하여 보이는 그대로를 재현하는 것이 아름다움으로 평가되었다. 이를 시작으로 예술의 표현에 여러 사상과 관념적 도전이 행해지면서 레오나르도 다 빈치(Leonrdo da Vinci)는 원근법을 시도했다. 사물을 그대로 바라보고 옮기는 것이 아닌 대상을 어떻게 인식하는지에 초점이 맞춰지면서 예술의 표현에 변화가 생기기 시작한다. 원근법을 시작으로 라파엘로의 '성모 마리아의 결혼'에서 볼 수 있듯이 원근법적 구도에 주체를 중심에 위치시킨 구도에서 본질적 주체가 중심에 이동되는 모습을 찾을 수 있다.

2 서양의 몸 문화

서양에서 아름다움은 몸과 함께 논할 수 있다. "고매한 정신은 몸을 떠나 존재할 수 있는가?"라는 물음으로 서양의 철학자들은 몸을 정신보다 더 중요하게 여겼다. 서양의 이원론적 사고관에 따르면 정신은 바른 질서를 지향하지만 몸은 정신의 이성적 질서를 억압하고 거부하는 것으로 알려져 있다. 이는 오늘날 우리가 생각과 달리 몸이 따르지 않아 현실에 안주하거나 포기하는 상황의 근본적 원인이 될 수도 있다. 몸이 안정된 질서를 실천하게 하는 근원이라 하였으며 서양에서의 몸은 무엇보다도 중요한 존재로 육체를 통해 아름다움의 자극을 수용한다고 보았다.

서양에서는 몸을 통해 열정과 관능을 표현했으며 자연의 활력을 드러내려 하였고 육체를 통해 표현되는 열정과 관능을 예술적으로 형상화하려 하였다. 열정으로 표현된 몸의 모습은 외젠 들라크루아의 '민중을 이끄는 자유의 여신'에서 찾아볼 수 있다. 들라쿠아는 그림을 그릴 때 "나는 조국의 승리를 위해 직접 싸우지는 못했지만 적어도 조국을 위해 이 그림을 그리고자 합니다."라 하였다. 많은 사람들이 쓰러져 있고 총알과 포탄이 날아다니는 전쟁 속에서 몸을 세우고 곧게 저항하는 모습을 표정과 몸짓으로 표현했다. 관능미를 표현한 몸의 사례는 페테르 파울 루벤스의 '파리스의 심판'에서 찾을 수 있다. 이 작품은 가장 아름다운 여신이 되기 위해 아테나, 아프로디테, 헤라가 파리스라는 남자 앞에서 몸매 대결을 펼친다. 그리고 가장 아름다운 여신으로는 아프로디테가 되었으며 아프로디테는 균형적인 뒤태를 형성하는 모습으로 그려져 아름다운 몸이 곧 균형 있는 몸이라는 것을 보여주고 있다.

서양의 몸 문화는 남성의 모습에서도 확연하게 나타나고 있다. 서양에서 아름다운 남성의 몸은 부드러운 근육의 균형 잡힌 몸일 것으로 보인다. 서양에서는 남성 누드를 주제로 여러 예술작품을 창조하였는데, 미켈란젤로 부오나로티의 '다비드상'은 한 축으로 기울어진 자세를 하고 있음에도 불구하고 균형진 뒤 근육이 자세를 유지하여 한쪽으로 치우치지 않게 하고 있는 몸을 보이고 있으며 이는 곧 아름다운 남성의 모습을 상징하는 다비드상이다. 또한 자크 루이 다비드가 그린 '파리스와 헬레네의 사랑'은 서양의 아름다운 남성 몸 문화를 보여주는 사례라 할 수 있다. 다비드가 그린 그림 속 파리스와 헬레네의 모습은 사랑하는 연인의 모습이 담겨 있으나 여성이 아닌 남성의 누드화가 그려있다. 그런데 파리스의 몸이 당대의 남성들보다 아름답다 평가받는 이유는 헬레네가 비스듬히 기댄 모습과 어우러지는 부드러운 근육에 있다. 다비드가 그린 여러 작품 속 남성들의 근육은 우락부락하고 과장된 근육의 몸이지만 파리스만은 정돈되고 부드러운 느낌의 근육으로 당대 사람들에게 아름다운 몸으로 여겨졌다.

■ 루벤스, 파리스의 심판 1632~1635년경

루벤스의 작품인 파리스의 심판 이야기는 결혼식에 초대받지 못한 여신 에리스가 '가장 아름다운 여신에게'라는 황금사과를 하객들에게 던지면서 시작된다. 이에 제혜의 여신 아테나, 제우스의 아내 헤라, 사랑의 여신 아프로디테가 최종 후보로 남게 되면서 마지막 판결은 파리스에게 맡겨졌다. 파리스에게 자신들의 아름다움을 뽐내는 세 여신 중 과연 미의 여신이라 불리는 아프로디테는 누구인지 어떻게 알 수 있는가? 헤라는 원숙미를, 아테네는 지성미, 아프로디테는 관능미를 뽐냈다.

그림을 보면, 전쟁의 여신 아테나는 그녀의 뒤에 메두사의 머리가 있는 방패와 투구, 위에 부엉이가 있으며 부엉이는 지혜를 상징한다. 가운데 여신은 아프로디테로 그녀의 아들인 에로스가 주위에 위치해 있다. 마지막으로 공작과 함께 있는 여신이 헤라다. 헤라는 사자와 빼꾸기 등과 같이 다니며 관능적인 아름다움의 몸을 아프로디테의 모습으로 표현한 것으로 보아 당대는 비너스(아프로디테)의 몸이 관능이자 아름다움을 상징하는 몸의 모습으로 보았다. 이러한 아프로디테의 아름다운 몸은 브론치노의 '아프로디테와 에로스의 알레고리'와 보티첼리의 '비너스의 탄생', 카바넬의 '비너스의 탄생'에서도 감상할 수 있다.

■ 루벤스, 화장하는 비너스 1606~1611년

루벤스가 그린 누드화 '화장하는 비너스'는 늘씬한 느낌의 이전 이미지와는 달리 풍만하고 과장된 굵은 몸이 표현되어 있다. 아기천사 큐피트는 온 몸이 근육질로 귀여움 보다는 이질적인 느낌을 주기도 한다. 그런데 루벤스는 이를 아름다운 몸으로 표현했다. 살이 여기저기 접히고 풍만하게 비너스의 모습을 표현한 비너스는 아름다운 몸의 모습을 생동감과 몸의 에너지와 활력에 두었기 때문이다. 그는 에너지 넘치는 모의 모습을 그리기 위해 비율을 무시하고 거대한 모습의 비너스를 그렸으며 근육질의 아기천사를 표현했다. 루벤스가 표현한 또 다른 느낌의 삼미신 역시 세 여신의 모습이 풍만하고 과장되게 표현되었지만 활력, 에너지, 생동감을 몸을 통해 느낄 수 있다. 이처럼 활력과 에너지가 넘치는 몸의 표현의 표정이나 몸짓의 표현 이외에도 살의 생동감이나 과장된 표현으로 나타나기도 하였으며 이 역시 아름다운 몸의 모습이라 할 수 있다.

CHAPTER

4

시대별 몸

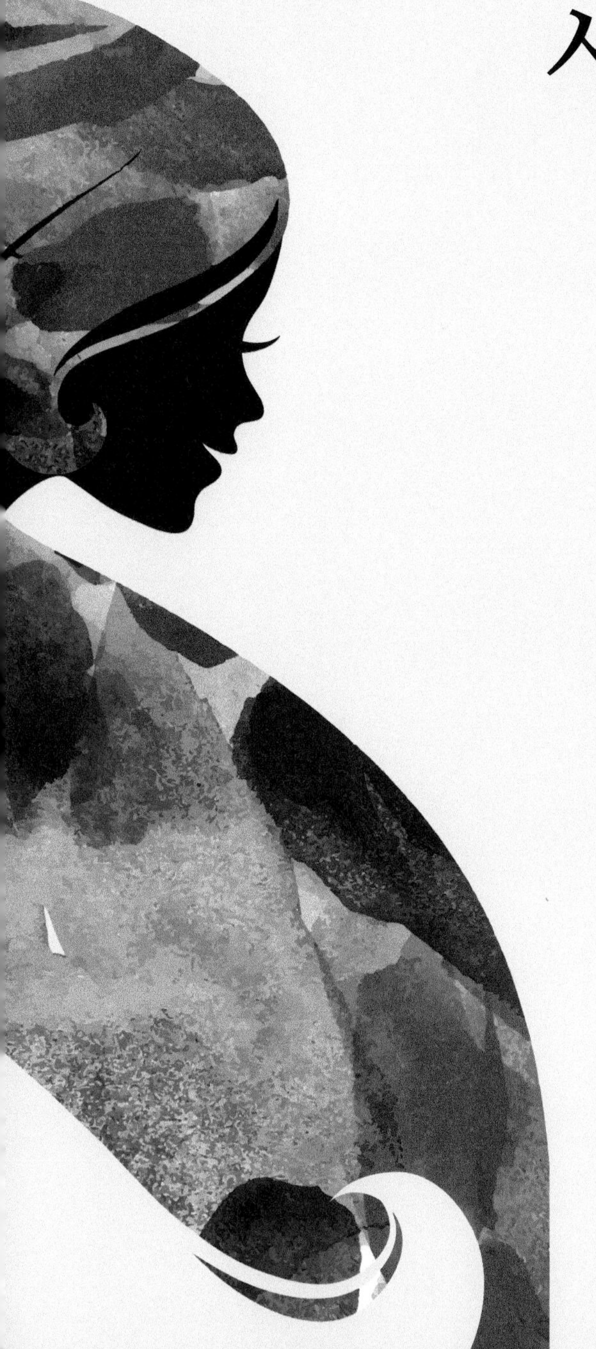

고대의 몸 | 중세의 몸 | 근세의 몸 | 현대의 몸

미의 개념은 고정된 것이 아니며 아름다움에 대한 기준도 시대마다 다르다. 움베르토 에코는 "아름다움이란 절대 완전하고 변경 불가능한 것이 아니라 역사적인 시기와 장소에 따라 다양한 모습을 가질 수 있다."고 했다. 이것은 아름다움에 대한 기준이 시대에 따라, 각 사회가 처한 환경에 따라 달라질 수 있는 상대성을 띠고 있다는 뜻이다.

그 시대의 인체미는 특수한 미적 이상으로 육체를 통해서 표현되고 있다. 각 시대의 인간은 관념으로부터 탄생하고 결국 삶의 이상적인 아름다움에 가능한 한 적용하려고 노력하기 때문에 모든 생활양식에서 복장, 몸가짐, 동작 등으로 나타난다. 인체미의 이상형은 시대에 따라 변화되어 허리, 가슴, 엉덩이, 가슴 등을 인위적으로 압박하거나 구속하고, 운동과 다이어트 등을 이용하여 그 시대의 이상적인 미의 이상형을 추구하였다. 이상형은 인체와 의복의 아름다운 관계에서 이상적으로 나타낼 수 있으며 또한 자세와 제스처 등의 인체를 재구성하여 미의 이상형에 가까워지도록 추구되어 왔다.

:: 고대의 몸

1 이집트

고대 이집트 시대는 농경사회로 여자의 인체를 다산이나 풍요의 상징으로 여겼다. 그들은 영혼불멸사상의 불변하는 인체를 숭배하였으며 전체적인 인체의 모습보다 인체 각 부위의 구조를 우선으로 인식하였다. 가슴과 배를 강조하여 노출하거나 꼭 끼는 의복, 투명하게 비치는 의복으로 여성의 출산과 관련된 부위를 드러내기도 하였었다. 또한 농경 생활에서의 노동 중시와 불변하는 인체에 대한 동경으로 여성들의 이상적인 체형은 마른 체형에 근육형 몸매였다. 그들의 인체 비례는 대체로 6.5등신이었다. 고대 이집트인들은 일찍부터 인체의 아름다움을 깨달아 인체의 자연스러운 모습에서 아름다움을 찾았다.

이러한 미의식의 표현은 신체 노출로 나타나는데 무용수들이 춤을 추거나 악사들이 연주할 때 신체의 대부분을 노출하였다. 심지어 여자 노예들은 아무것도 걸치지 않은 완전 노출로서 인체의 아름다움을 과시하였다. 그리고 향유를 사용하여 인체미를 돋보이도록 하였다. 그 시대의 여성들은 화장품 중 향내 나는 기름 덩어리를 가발 속이나 위에 놓아두어 기온과 체온에 의해 그것이 녹아내림에 따라 향기도 발하면서 의복을 몸에 밀착시켜 인체의 곡선미가 드러나도록 하였다. 피부표현은 황금색 피부표현은 남녀 모두가 하도록 하였고, 오렌지색 피부표현은 남성만이 하도록 규정하였다. 여성은 남성에 비해 밝은 피부색을 갖추었는데, 이후 성별에 따른 가치관의 형성으로 미는 여성의 전유물처럼 되었다. 인체에 대한 미의식은 종교와 기후로 인한 주술적 경향으로 아이 메이크업과 황금빛 피부색이 유행하였고, 노출이 많은 의복 스타일이 유행하였다. 대표적인 미인은 클레오파트라, 네페르티티, 네페르타리이 등이다. 이들 미인의 조건은 뚜렷한 이목구비, 작은 얼굴, 기다란 목, 적당한 광대뼈 등이며, 진한 아이라인, 반달눈썹, 강렬한 입술 색으로 고대 시대 뛰어난 화장술로 그들의 아름다움을 표현하였다.

[그림 4-1] 이집트의 미인

2 그리스

고대 그리스인들은 남성 가부장적 사회문화와 인간중심의 휴머니즘으로 인간 본연의 모습을 중시함에 따라 신체의 아름다움 속에서 이상적인 미의식을 추구하였다. 경기에 적합한 체격으로 만들기 위해 넓은 어깨와 굵은 목, 작은 엉덩이, 길고 곧은 다리의 모습으로 단련시켰다. 그리고 여성에 대해서는 신체 채색을 금지하고, 부분과 전체의 균형에서 비롯된 조화를 중시하였다. 이처럼 그리스시대의 미의식은 건강한 육체에 대한 건강미가 우선이고, 외형적 꾸밈에 대한 사회적 분위기가 보수적임에 따라서 상류층 여인들은 비밀리에 화장품 조제 비법을 전수하게 되었다. 그리스의 후반에는 하얀 피부를 매우 선호한 그리스 여인들 사이에 짙은 화장이 유행되었고, 눈에는 사프란이나 재를 칠하고, 눈썹에는 안티몬을 발라 검어 보이게 하는 등 점차 많은 하층계급의 여인도 메이크업이 유행되었다. 그리스시대는 창조적이지만 내성적인 사회문화의 영향으로 건강한 육체의 비율에 관심이 많았고, 의복 또한 신체가 드러나는 주름과 천이 유행하였음을 알 수 있다. 인체에 대한 미의식은 건강한 육체의 비율과 조화에 기준을 두어 메이크업은 천시되었고, 의복은 육체의 곡선을 드러내는 주름과 천이 자연스럽게 빚어내는 변화를 주는 특징을 보인다. 그리스시대에는 균형 잡힌 전체적 비례를 추구하였기 때문에 한 부위를 의식적으로 강조하지는 않았다. 또한 남성 위주의 영웅적인 이미지를 중시한 결과 운동가 타입의 근육형을 이상적 체형으로 여겼다. 이 시대의 인체 비례는 8등신이 이상적인 비례이다.

[그림 4-2] 그리스의 이상적 몸

3 로마

고대 로마인들은 아름다운 육체에 아름다운 정신이 깃든다는 '영육일치사상'의 영향을 받아 육체미를 중요시하였으며 훈련을 통해 아름다움을 가꾸고 노력하였다. 외모 관리에 많은 시간을 소비하였고, 남성들도 여성들처럼 외모에 관심이 많아 잔털을 제거하고 화장품, 향료, 매니큐어 등 외모를 가꾸는데 정성을 들였다. 또한 외모가 사회생활에 있어 중요하다고 생각한 로마인들은 남녀 불문하고 향유와 머리분(粉)을 사용하여 머리 손질에도 많은 시간을 보내기도 하였는데, 이것을 게을리 하면 비웃음을 당하기도 하였다. 또한 정복지로부터 얻는 풍부한 물질로 로마시대에는 화려한 유형의 진하고 야한 화장에 일자 눈썹, 하얀 치아에 날씬하고 털이 없는 몸을 소유한 여성들이 사랑을 받았다. 당시는 부와 지위의 상징으로 귀족들은 짙은 화장을 하였다. 짙은 화장인 인공적 치장이 유행하였던 이유는 '돈과 지위의 상징'이었기 때문이었다. 넓은 식민지를 거느리며 사치와 허영을 부리던 로마 귀족들은 노예의 도움을 받으며 3~4시간 이상 화장을 했다. 이 시대의 인체에 대한 미의식은 귀족 중심의 화려함에 있었으며, 개인의 행복과 쾌락을 위한 가장 중요한 행위로 인식했음을 알 수 있다. 폼페이의 대중탕에서 목욕을 즐겼으며, 화

[그림 4-3] 로마시대의 모습-토마 쿠튀르 <퇴락한 로마인들> 1847, 오르세

려한 메이크업의 화장술과 함께 흰 피부를 선호하여 과도한 백연 사용은 불행의 원인이 되기도 하였다. 고대 로마인은 외모에 관심이 많았고 사회적 성공을 위한 필요조건으로 사치스럽고 향락적인 성격을 지니고 있다.

:: 중세의 몸

암흑기라 불리는 중세시대는 사람들의 생활 습관, 가치관에 교회의 권력이 영향을 미쳤는데, 이런 것들은 중세시대 인체미의 가치관을 결정하는데 큰 영향력을 발휘했다. 인간의 신체는 신의 섭리에 속하는 것이라 여겼으며 여성의 신체나 얼굴에 미를 표현하고 치장하는 것을 엄격히 금지하였다. 이로 인해 금발 머리, 화장기 없는 흰 얼굴, 작은 가슴, 좁은 엉덩이를 가진 것이 미인으로 여겨졌다. 금욕 정신으로 인해 미인관이 달라져 중세에 제시되었던 미인의 몸매는 야위지 않은 몸통, 가느다란 팔다리, 처진 어깨 등이다.

1 로마네스크

로마네스크 시대는 게르만적 요소를 바탕으로 고대 로마 스타일의 부활과 기독교의 영향, 그리고 비잔틴의 동양적 요소가 융화되어 독특한 스타일을 형성시켰다. 로마네스크 양식의 의복은 인체를 속박하기보다는 자연적인 인체미를 이상으로 여겨 인체의 실루엣을 그대로 나타내려고 하였다. 따라서 이 시기의 인체 비례는 중세의 종교적 이상주의와 인체의 조화로운 비례를 중요시하는 인체 미 영향으로 8등신으로 표현되었다. 즉, 고대 로마의 영향인 자연스러운 산물로서 받아들여 육체의 미를 표현하려는 미의식과 시대정신을 지배하며 여전히 인체를 은폐하는 기독교적 사상이라는 두 가지 의식이 공존하였고 8등신으로 인체미를 표현하였다. 정숙과 순결을 높은 가치로 평가하던 중세에는 성녀처럼 느껴지는 외모를 가진 여성들과 작은 가슴과 순결을 상징하는 하얀 피부의 여성들이 미인이었다. 그래서 가슴이 큰 여성일수록 남성에게 인기가 많을 것이고 정숙하지 못할 거라는 인식이 생겨 상대적으로 여성은 가슴을 드러나지 않았다.

[그림 4-4] 로마네스크 시대의 여성들

2 고딕

고딕시대는 고대의 정신을 계승한 르네상스 시대로의 과도기에서 종교에 근거한 금욕성과 인본주의에 근거한 세속성이 공존하는 시대로 표현할 수 있다. 고딕은 중세 후기의 기독교 이데올로기 장식성을 극도로 강조하여 입체적인 재단법이 발달하고 남녀의 성차를 나타내는 실루엣이 출현하였다. 즉 프린세스 라인 등장, 입체적인 복식 등의 등장이라는 것이다. 이것은 남자의 능동성과 여성의 수동성을 극대화한 것이다. 종교적 이념을 강조한 수직적 조형은 대부분 영역에 날씬하고 길쭉하게 표현되었다. 고딕 인체에 대해 자연성, 고결성, 죄악성과 함께 세속성을 같이 받아들이기 시작하여 인체를 전체적 비례보다는 부분별로 인식하기 시작하였고, 키가 크고 배의 크기를 강조하는 머리가 큰 마른 체형이 요구되었다. 또한 인체에 대해 누드의 자연성, 누드의 세속성, 누드의 고결성, 누드의 죄악성을 함께 포함하는 것으로 받아들여 인체를 아주 객관적으로 도식화하여 묘사하였다. 고딕의 이상적인 인체미는 배의 곡선이 특히 강조되었고, 큰 머리, 좁은 어깨, 빈약한 가슴, 높은 허리, 둥글고 불룩한 배, 널찍한 엉덩이, 긴 다리로 대표될 수 있었다. 이러한 인체의 세속성 강조와 함께 큰 머리를 강조하여 인체의 고결성을 상징적으로 함께 표현하고자 하였다. 대체로 이 시대의 인체 비례는 다소 길게 연장되어 표현되었으나 머리를 크게 묘사하는 8.5 등신 정도의 마른 체형이 이상적이었다. 이상화된 인체 이미지는 풍부하고 포용성이 가득 찬 이미지로 큰 머리, 좁은 어깨,

빈약한 가슴, 넓은 골반, 둥글고 불룩한 배, 가늘고 긴 팔과 다리로 인체 비례는 8.5 등신으로 길게 표현되었다.

[그림 4-5] 고딕시대의 모습

:: 근세의 몸

1 르네상스

르네상스는 신 중심의 중세에서 벗어나 인본주의로 돌아가자는 인간을 중심에 둔 시대로 고대 그리스와 로마에서 근거를 찾는 이상적인 신체는 완벽한 비례를 구현하고자 하였다. 문화 부흥 운동으로 인간의 생명력이 중심이 되었고, 경직성에서 유연성으로, 인위성에서 사실성인 인체 미로 변했다. 중세에서 근대로 넘어가는 르네상스 시대에는 성숙한 여성이 미인으로 즉, 원뿔 모양으로 솟은 가슴이나 통통한 턱, 풍만한 허벅지, 풍만한 가슴, 둥근 배, 펑퍼짐한 엉덩이, 하얀 피부가 미인이었습니다. 로마인처럼 인체를 이상화하지 않고, 그리스의 영향을 받아들여 인체를 정직하게 받아들였다. 또한 순수하게 관능에 몰입된 현세적인 것도 받아들였다. 이 시대의 인체미의 자연적 이상화와 인간적 아름다움 사이의 조화로운 미를 구현하고자 하였던 것으로 그 기준은 중용이었다. 이 시대의 이상적인 체형은 근육형으로 아름답고 풍만한 성숙함에서 현세적인 관능미가 느껴지는 비만형이다. 이 시대

인체 비례는 그리스. 로마 시대와 같은 8등신이다. 즉, 그리스의 영향을 받은 르네상스의 자연의 이상화와 함께 인간적인 아름다움을 강조하고 중용의 미를 갖춘 현세적인 인체를 이상적으로 여겼다.

[그림 4-6] 르네상스시대의 여성과 남성

2 바로크

바로크는 방탕한 정신상태와 파괴적인 향락주의가 범람하면서 인체에 대한 에로티시즘은 고통과 압박, 상처받기 쉬움 등으로 표현되었다. 성적 요소가 수용될 수 있는 일상적인 감각을 우선 강조하여 엉덩이도 돌출되어 벗슬 형태가 등장하고, 허리선이 적당히 올라가 짧아진 허리길이, 크고 둥근 가슴을 강조하였다. 이 시대에는 향락주의에 의한 세속적 육욕의 추구로 비만형이 이상적이었다. 인체 비례는

[그림 4-7] 바로크시대의 모습

인체 본래 모습대로인 7등신을 그대로 표현하였다.

3 로코코

로코코 시대에는 감성적이며 쾌락을 추구하는 방향으로 나아갔으며, 인간 내면 감정의 욕구가 눈을 뜨고 쾌락적인 생의 욕구가 모든 생활 영역에 나타났다. 인간적이라는 것과 함께 생활은 자유로워지고 도덕은 퇴폐적으로 흘렀다. 로코코는 선정적이면서 예민한 인체를 아름답게 여겼으며 지극히 사치스러운 귀족 취미의 관능을 추구하여 보호하고 싶은 귀여운 여자의 이미지를 선호하였다. 또한 유한계급의 여성만이 몸을 움직이지 않고 사치를 부릴 수 있었기 때문에 뚱뚱한 여성이 행복과 미의 상징으로 여겼다. 따라서 가슴이 둥글고 큰 것을 강조하였고, 돌출된 가슴과 엉덩이가 시도되었다. 로코코 남성들은 넓적다리에 밀착된 하얀 가죽으로 만들어진 퀼로뜨(Culotte: 짧은 바지처럼 생긴 스커트)의 착용으로 남성의 허벅지와 근육을 밀착하고 탄력 있게 드러내어 관능미를 나타냈다. 로코코 시대 남성복에 나타난 미적 특성은 여성적 인체미, 우아미, 관능미, 예술미로 분석되었다.

[그림 4-8] 로코코시대의 남성과 여성

■■ 근대의 몸

근대는 우아하고 장엄한 화려함이 특징으로 사치 생활, 성과 신체에 대한 자유로운 태도 등이 신체미에 반영되어서 외양과 신체 관리를 중시했다. 코르셋으로 조여진 가는 허리와 높은 가슴, 똑바른 자세가 아름다운 것으로 여겨졌다.

1 고전주의

고전주의 시대에는 루소의 자연사상이 인체에 영향을 미쳐 인체는 신이 부여한 것이며, 본래 모습대로 두어야 한다고 믿게 되었다. 여성의 인체에서 만족스러운 기하학적 형태와 관능적인 감각을 찾아냈기 때문에 인위적인 제재가 전혀 가해지지 않은 해방된 자연스러운 인체를 아름다운 것으로 여겼다. 고전주의 시대에는 긴 몸통에 두 개의 큰 가슴과 유두만 강조하였는데, 이는 그리스와 로마 시대의 영향을 받은 것이다. 훤히 비치는 옷감을 통해 긴 다리의 곡선이 노출된 것은 인체를 표현하는 자연스러운 욕망의 표현이다. 이 시대에는 그리스의 인체 비례를 중시하여 근대적 육감을 자연스럽게 노출시키는 근육형이 이상형이었다. 특히 가슴선 아래의

[그림 4-9] 고전주의 시대의 남성과 여성

부위를 길어 보이게 하는 것이 선호되었기 때문에 인체의 이상적인 비례는 8.5 등신 정도까지 연장되었다. 또한 그리스의 이상이 재현되어 인체의 전체적 비례를 각 부위보다 중요시되었고 근육형의 매우 키가 큰 8.5등신을 이상적으로 여겼다.

2 낭만주의

낭만주의 시대에는 근대 시민계급의 이념을 담은 자연스럽고 근대적인 인체를 통해 표현하고자 하였으며 인체에 대한 전상(全象: 전체의 형상)과 더불어 감각적인 세속의 미를 모두 갖춘 비너스의 영광을 부여하고자 하였다. 낭만주의 시대에는 앞으로 돌출한 큰 가슴, 가는 허리, 뒤로 불룩한 큰 엉덩이의 강조로 측면에서 극도로 변형된 인체미가 강조되었다. 또한 따뜻하고 포근한 여성의 풍만함을 선호하여 철저한 관능미의 비만형이 이상적인 체형이었으며 인체 비례는 실제 그대로의 7.5등신 정도였다. 그리고 여성의 풍만한 감정이 포함되며, 천상과 자연의 미를 함께 갖춘 인체를 이상적으로 여겼으므로 여성의 성적 부위를 세련되게 표현하고자 하였다. 근대 시민계급의 이념을 담은 자연스럽고 근대적인 육감을 드러낸 인체 즉, 앞으로 돌출된 큰 가슴, 가는 허리, 뒤로 불룩한 큰 엉덩이의 강조로 측면에서 보면 극도로 변형된 인체미로 강조되었다.

인체에 대한 미의식을 크게 천상의 인체미 추구와 자연의 인체 미추구로 나눌 때 고대 이집트, 그리스, 로마, 비잔틴, 고전주의 시대는 천상의 인체 미를 추구하였고, 르네상스, 바로크, 로코코, 낭만주의 시대에는 자연의 인체미를 추구하였다. 19세기의 이상적인 인체미는 콜셋을 사용하여 만들어낸 모래시계형(아워 글래스 실루엣)으로 표현되었는데, 여성의 신체를 과장하거나 극도로 졸라매는 모순된 특징을 갖고 있었다. 인체미는 버슬 스타일(bustle style)의 실루엣에 의해 더욱 강조함으로 표현되었음을 알 수 있다. 19세기 말의 여성은 건강하고 밝게 생활하는 이미지를 추구하여 인간의 자연적 체형을 기본으로 해서 인체미의 이상형을 표현하였다.

이상적인 인체미를 강조하려는 복식 형태에서 인체를 우선하는 것을 살펴보면, 이집트는 가슴과 배를 강조하고 그리스, 로마는 전체비례, 균형 잡힌 몸매를 강조하고 고전주의 시대에는 균형 잡힌 몸매. 가슴. 다리 노출 부위를 강조하였다. 복식 우선형의 우선 인체의 국부적 강조를 살펴볼 수 있는데, 르네상스에서는 원통형 몸매, 작은 가슴. 엉덩이. 긴 배를 강조하였고 바로크는 큰 가슴. 가는 허리. 큰 엉덩이를, 로코코는 큰 가슴과 엉덩이. 가는 허리. 작은 얼굴을, 낭만주의 시대에서는 가는 허리와 큰 엉덩이, 가슴부위를 강조하였다. 그리고 비잔틴에서는 인체 확대, 인체 은폐, 고딕에서는 긴 팔과 다리. 길고 연약한 몸매. 큰 머리. 배의 곡선 등을 강조하였다.

[그림 4-10] 낭만주의 시대의 남성과 여성

:: 현대의 몸

1 1990년대

20세기 초 인체미의 이상형은 '매력적이고 아름다운 곡선미'의 여성이었다. 전 시대보다 더욱 가슴을 강조하여 큰 가슴에 비해 엉덩이는 오히려 빈약했으며 새로운 형태의 코르셋에 의해 가슴은 더욱 풍만하게 표현되어 난처할 정도였다. 당시 여성의 이상적인 이미지는 깁슨 걸 스타일(gibson girl style)이다. 이 스타일은 에스 커브 스타일(S-curve Style)로 양어깨는 넓게 과장되고 가슴을 부풀리며 허리는 가늘게 조이고 엉덩이를 강조한 스타일로서, 당시의 이상적인 인체미를 표현하였다.

[그림 4-11] 깁슨걸 스타일

2 1910년대

1990년대의 이상적인 인체미는 가슴은 부드럽게 부풀려졌고, 어깨는 좁으며 허리는 심하게 조이지는 않았다. 엉덩이는 더 강하게 밀착되었으며 스커트는 폭이 너무 좁아서 다리와 하나인 듯 보였다. 대표적인 형태는 가슴에는 코르셋으로부터 자유를 주고 다리에는 극단적인 구속의 형태를 이룬 호블 실루엣(Hobble silhouette), H형 실루엣, 튜블러 실루엣(Tubular silhouette)이다.

1차 세계대전은 장식적인 복식과 전근대적인 생활방식, 가치관에서 벗어나게 되는 계기를 만들어 주었고, 여성들에게는 사회진출을 통한 경제권 부여의 기회를 얻을 수 있게 되었다.

3 1920년대

프랑스 파리에서 시작된 '가르손'이라는 말은 그 시대의 풍속을 구현하는 상징용어로 1920년대의 대표적인 모드와 새로운 풍속을 가진 여성으로 간주 되었다. 즉 소년과 같은 여성 스타일로 소년처럼 가르손과 같은 신체를 이상화한 것처럼 가슴과 엉덩이를 과장하지 않고 직선적이며 길이로 긴 경향을 강조하였다. 1920년대는 가슴이 작고 허리선은 크게 신경 쓰지 않고, 보브 스타일의 짧은 머리와 보이시한 모습이 유행했다. 그래서 무성 영화들의 여주인공들은 짧은 머리에 소년 같은 이미지로 나왔다. 풍만한 여성 스타일에서 소년 같은 몸매가 미인이었다. 1920년대는 머리를 짧게 커트한 직선적이며 길이가 긴 경향을 강조하였고, 가슴과 힙을 과장하지 않았다. 1926년 베니토(Benito)의 작품은 약 8등신으로 가슴이나 엉덩이 선을 강조하지 않고 더 가냘프고 긴 날씬한 젊은 형을 나타내었다.

이상적인 인체는 얼굴과 다리에 초점이 맞춰졌고, 특히 다리에서 성적 매력의 포인트를 강조하였다. 전체적인 이상적 인체미는 가슴, 허리, 짧은 머리, 엉덩이의 곡선이 사라진 양성적인 인체를 매력적으로 보았다.

[그림 4-12] 베니티 페어 1930년 1월 표지, Eduardo Garcia Benito

4 1930년대

세계는 경제 대공황을 겪은 결과 직업을 가졌던 여성들은 직장을 잃게 되어 가정으로 되돌아가는 현상이 나타났다. 그로 인하여 여성스러운 분위기가 강조되면서 여자답고 날씬하며 긴 스타일의 인체미를 표현하였다. 1939년 위요메스(Willaumez)의 작품은 약 8등신으로 허리선을 강조하여 가슴과 엉덩이 곡선이 드러나는 가늘고 긴 형인 슬림 앤 롱 스타일(slim & long style)이 나타났다. 이는 인체의 곡선이 드러나는 날씬한 실루엣으로 허리, 가슴, 엉덩이의 곡선이 밀착되어 감각적으로 표현되었고, 성적 포인트가 등으로 옮겨가 수동적인 에로티시즘을 표현하였다.

이상적인 인체미는 키가 크고, 어깨는 약간 넓어지고, 허리선은 자연스러운 위치로 자리를 잡았으며, 가슴과 엉덩이의 곡선이 다시 부드럽게 강조되었다. 다만 엉덩이의 모습이 좁고 날씬한 남성적인 모습으로 이전의 풍만한 모습이 아니라 가녀린 소녀의 모습이었다.

[그림 4-13] René Bouët-Willaumez의 일러스트레이션 작업(르네 부에-윌루메즈)

4 1940년대

제2차 세계 대전으로 여성들은 남성들의 직업에 종사하게 되어 고용 증대의 기회를 얻을 수 있었고, 특히 기혼여성, 중류계급 여성의 고용과 평등의 요구가 높아져 경제권도 획득할 수 있었다. 이상적 인체미는 여성들이 전쟁에 참여함으로 인해 완만한 인체 형태인 긴 다리에 약간 둥근 가슴, 매우 넓은 남성적인 어깨로 자신감에 찬 활동적인 유형의 여성으로 대체되었다.

대표적인 복식은 실용적인 밀리터리 룩으로 박스형의 짧은 실루엣이다. 넓고 각진 패드가 들어간 어깨, 허리가 약간 들어간 자켓, 무릎길이 스커트인 테일러트 슈트 형태이다. 그리고 뉴룩의 창시자인 크리스챤 디올(Christian Dior)은 전쟁 기간 유행되었던 밀리터리 룩과는 분위기가 다른 여성적인 스타일을 선보였는데, 볼록한 가슴, 조인 허리, 좁은 어깨에 넓고 긴 스커트였다. 1940년대의 인체미는 볼록한 가슴, 좁은 어깨, 조인 허리의 여성스러운 스타일이다. 작품들에서는 약 7등신으로 표현되고 자연스러운 어깨와 조여진 허리로 가슴이 강조된 아워글라스 실루엣을 이룬다.

[그림 4-14] 뉴룩 스타일(New Look Style)

5 1950년대

골격과 근육구조를 강조하는 강건한 모습에서 인체 미를 추구하였고, 작품 속에서는 8.5등신으로 풍부한 가슴을 드러내고 허리를 가늘게 조이는 스타일이 나타났다. 19세기처럼 마르고 관능적인 것을 미의 이상형으로 여겼으며 그레이스 켈리(Grace Kelly)와 오드리 햅번(Audrey Hepburn) 등이 당시의 이상적인 미인이었다. 즉 둥근 힙의 곡선적인 라인이 강조되었고, 풍부한 가슴, 둥근 어깨, 잘록한 허리, 편평한 복부 등이다. 여성들은 성숙하고 우아하여 머리는 길거나 짧은 웨이브 진 단정한 스타일이었다. 큰 가슴과 깊게 패인 가슴골은 여성의 성적 매력의 상징이 되어 1950년대의 실루엣의 중심이 되었다.

[그림 4-15] 1950년대 인체미

6 1960년대

젊은 감각의 미성숙한 분위기의 모델 트위기(Twiggy)가 이 시대의 이상형에 반영되었다. 전형적인 허리 라인, 작은 가슴, 긴 다리, 가늘고 긴 목은 유연하고 우아한 모습이었다. 트위기의 귀엽고 천진난만한 젊은 이미지는 마르셀 뒤샹(Marcil Duchamb)의 작품에서 약 7등신으로 가늘고 긴 목, 납작한 가슴, 길고 가느다란 팔 등으로 표현되었고, 1960년대에는 양성적이고 마른 형상을 보이고 있다.

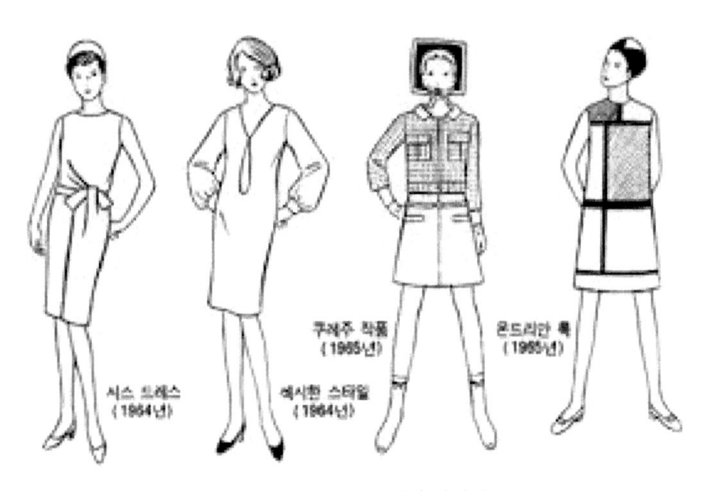

[그림 4-16] 1960년대 인체미

7 1970년대

1970년대의 가장 중요한 발전은 마네킹이 다양한 인종의 특징을 보이면서도 여전히 마르고 젊은 몸을 표현한다는 것인데 이는 오늘날까지 지속되고 있다. 1970년초에 여성들을 대상으로 이루어진 여성들의 신체적 매력에 대한 조사에서, 여성들은 일반적으로 날씬한 형태(작은 엉덩이, 중간에서 작은 크기의 가슴)를 좋아했다. 많은 피험자 여성들은 자신들의 몸매에 대한 의견을 물었을 때, 자신들이 너무 뚱뚱하고, 엉덩이와 가슴이 너무 크다고 불평했다.

[그림 4-17] 1970년대 인체미

8 1980년대

1980년대는 슈퍼모델이 건강하고 날씬한 허리와 볼륨감 있는 몸매에, 키가 크고 얇은 팔이 미인의 기준이었다. 클라우드 쉬퍼나 신디 크로포드 같은 건강미 넘치는 모델들이 인기가 많았으며, 여성들은 자신의 팔뚝 살에 대해 불평을 하였다. 미스 아메리카 대회 참가자들과 20년(1958~1979) 동안 플레이보이 지에 실린 여성들의 사진을 수집한 결과, 여성들의 가슴과 엉덩이의 치수는 줄어들었고, 키는 더 커졌으며, 허리 크기가 늘어난 것으로 나타났다. 즉 가슴과 엉덩이는 일반적으로 작아졌고 허리는 늘어났다는 것이다. 이런 경향은 80년대까지 계속되었으며, 플레이보이 잡지의 여성 모델들의 평균 몸무게는 계속 줄어들었고 가슴 크기는 여전히 크고 키는 점점 더 커지는 데 비해 엉덩이는 작아졌다.

1990년대부터 본격적으로 마른 여성들이 미인으로 여겨지게 되면서, 앙상하고 투명한 피부와 중성적인 외모를 갖춘 체형의 여성을 미인으로 보게 된다. 1980년에는 여성의 몸매에 더 많은 근육과 건강함이 나타났다. 타임지는 '이상적 미의 새로운 기준'이란 제목에서 날씬하면서 건강한 근육질을 소유한 제인 폰다(Jane Ponda)와 같은 여성이 현대의 새로운 미의 기준이라고 평가했다.

[그림 4-18] 1980년대 인체미

9 2000년대 이후

2000년대부터는 포스트모던한 미모가 인기를 얻고 있으며, 군살 없는 배와 건강하면서도 마른, 그리고 큰 가슴과 큰 엉덩이와 얇은 허벅지와 성형 미인이 미인형으로 추구되었다. 성형이라는 새로운 기술이 등장하면서 적극적인 몸매 관리를 통해 개인과 사회의 보편화된 미적 만족을 추구해가고 있다. 21세기부터는 예전과 달리 자신만의 뚜렷한 개성을 살린 여성들이 열광 받으면서 서구적인 특징이 더 반영되어 높은 코 , 쌍꺼풀 , 건강미 넘치는 피부, 근육질의 마른 몸매 등 또렷한 이목구비와 건강미가 인정받고 있다. 현대에 있어 미의 기준은 상징적인 미의식이 사용되어 오면서 개인의 취향이나 부분의 과장을 통해 인체의 형태를 바꾸어 표현하였다.

[그림 4-19] 2000년대 인체미

■ 신체적 아름다움

신체는 어떤 의미를 표출하는 대상으로 자신의 신체를 가꾸고 그가 속한 사회의 가치관, 미적 감각, 인지, 사고 양식 등 문화에 영향을 받게 된다. 신체가 보여주는 여성의 이상적 신체형은 다양한 방법으로 각 문화에서 창조되었다. 그리고 우리 사회에서 대중 매체는 신체적 미의 기준을 정해 왔고, 이러한 이상적인 미의 기준은 무의식적으로 받아들여 사회화되고 내재화되어 매력적인 여성 혹은 남성의 이상적인 신체의 기준으로 작용한다. 그리고 대중 매체의 제시에 의한 신체적 아름다움에 대한 기준은 각 개인의 신체를 아름답게 이상화하고 가꾸게 된다.

미의 기준은 끊임없는 변화 속에서 한 시대를 상징할 수 있는 미의식이 존재해 왔으며 현대사회에는 고정된 이상적인 미의 기준이란 존재하지 않지만, 다양한 커뮤니케이션 매체는 이러한 변화를 반영하는 커다란 역할을 해왔다. 커뮤니케이션 매체들을 통해 나타나는 이상적 인체미는 어떻게 표현되는지를 살펴보면, 첫째, 인체미는 성적인 측면으로 자신의 아름다운 몸매를 재발견하고 특히 현대 패션에서는 관능미와 중성미를 나타내는 성적 대상으로 표현되고 있다. 둘째, 신체는 통제 대상으로 역사적·사회적. 정치적으로 통제된 대상이었고, 속박을 받으면서 권력과 조직의 요구에 통제되어 왔다. 신체를 통제하여 나타나는 미의 대상으로는 역동미. 기능미가 있다. 셋째, 신체는 소비대상으로, 신체를 찬미하고 가꾸어야 하는 대상으로 하는 소비산업은 성적 쾌락을 상품화로 재생산하고, 여성의 이상화된 신체는 기능적인 사물이 되어 높은 상품 가치로 변화되었다. 특히 이러한 인체미를 통해 현대 패션에서는 관능미, 중성미, 역동미, 기능미, 과시미, 퇴폐미의 구체적 양상으로 표현되고 있다.

■ 남성의 아름다움

현대의 이상적인 남성성에 대한 몸의 시각은 에로티시즘을 기반으로 하고 있다. 첫째, 마초적, 파워풀, 근육질의 남성으로 헤게모니적 남성성과 하드 바디를 강조하고 둘째, 비즈니스 맨의 부유하고 여유로운 모습을 강조한 성공한, 세련된, 꾸미는 남성으로 성공한 남성의 상징이 되었다. 셋째, 남성다움과 여성다움을 해체시킴으로써 중성적인 모습의 소년, 미성숙한 남성, 여성과 남성이라는 성(性)의 개념을 초월, 넷째, 장식물로서의 남성으로 표현되는 성역할 변화, 탐미의 대상으로서의 남성으로 전통적인 성역할에서 벗어나 남성의 몸이 여성의 관음적 시각의 대상이 되었다. 패션 광고에 표상된 남성성에 관한 담론을 보면, 미국의 월간 남성잡지 GQ(Gentlemen's Quartely)에서는 세련된, 성공한, 꾸미는 남성의 빈도가 가장 높았다. 반면 보그(Vogue)에서 나타나는 여성의 시각으로 보는 남성의 몸은 탐미의 대상으로서의 남성 몸이 많은 빈도를 나타내어, 파워풀, 마초적, 근육질의 몸과 성역할의 변화를 보여준다. 여기서 남성의 몸이 가장 이성애적인 모습으로, 여성 시선의 대상화가 되며 남성의 몸이 보여주게 되었음을 알 수 있다.

남성미의 유형을 외적 요소와 내적 특성으로 살펴보면, 외적으로는 근육질의 몸. 큰 키. 희고 깨끗한 피부. 대칭적 얼굴로 표현되었다. 과거의 큰 키에 근육질의 몸에서 균형 잡힌 체격의 슬림한 체형으로 여성적 이미지의 미소년과 강한 이미지의 남성성을 동시에 보여주었다.

■ 노인의 아름다움

미의 기준은 나이듦이 부정적으로 인식되어 노인 여성의 자아존중감을 낮게 하고 위축시킨다. 언론에서 표현되는 나이듦은 "젊다"에 비해 부정적인 의미로 사용된다. 특히 여성의 몸과 관련될 때 "늙는다"는 말은 부정적으로 더욱 표현된다. 이러한 것은 남성중심적인 문화 속에서 젊은 여성을 선호하고, 노년의 여성을 싫어하는 배경에서 혐오의 의미를 찾아볼 수 있다.

크리슬러와 기츠(Chrisler and Ghiz)는 여성들의 주름살과 흰머리를 내적인 지혜의 표현으로 해석하고 나이듦을 축하해야 한다고 강조한다. 흰 머리와 주름살은 지혜와 연륜의 상징으로 존중됨이 타당하다고 지적하고 있다. 특히 커플랜드(Coupland)는 거울 보는 것을 즐기지 않고, 나이들은 자신의 몸을 바라보는 것을 불편해하는 사람들에게 춤을 배우기를 권유하고 있다. 춤을 통하여 자신을 표현하고 자신의 몸을 통합적으로 인식하여 나이 들었음을 긍정적으로 받아들일 수 있다. 노년기를 긍정적으로 인식하기 위해서는 미에 대한 대안적 기준의 변화가 필요하고 몸에 대한 인식의 변화가 필요하다. 영화뿐만 아니라 드라마, 시니어 모델 등 다양한 영역에서 시니어들이 그동안의 경험을 몸으로 진하게 표현함으로써 대중들에게 용기와 희망을 주고 있다. 특히 시니어 여성이 주체가 되어 부상됨으로 노년의 몸에 대해 긍정적으로 바라보고, 젊은 여성과의 차별화된 미의 기준이 긍정적으로 인식되고 있다. 시니어 여성들이 친근하고 편안한 몸, 사랑스러운 몸으로 삶이 해석되어, 시니어 여성들은 "아름답다"는 대안적 미의 기준이 요구된다.

CHAPTER

5

몸·소통·치유

몸의 의미 | 몸과 소통 | 몸의 치유

인간 최초의 사랑은 몸과 몸의 접촉으로 이루어진다. 우는 아이를 달래는 엄마는 두 팔로 아이를 안고, 엄마의 몸은 안전함을 주며 아이는 편안해 질 것이다. 아이와 엄마의 정서적 공유는 곧 육체적 상호작용에 의해 이루어지며 피부와 피부가 맞닿는 것, 그리고 몸과 몸이 닿아 서로 교감하는 것이 애착이 됨을 보여준다. 몸은 마음이 연결되어 있기에 정서적인 공감이 일어날 수 있고 몸과 몸이 접촉하면서 인간의 생리반응과 표정이 유사해져 유대감을 형성시킨다. 인간은 무의식 속에서 가까운 사이의 사람일수록 그 사람을 자동적으로 따라하게 되는데 이는 곧 상대의 감정을 잘 이해하게 되며 표정과 생리반응이 같아지게 된다는 것이다. 심리치료에 있어서는 치료자와 내담자 사이에 공감이 원활하다면 상호간의 심장박동이 유사해지는데 이것은 서로의 생체리듬이 같아지는 몸의 교류와 같다고 본다. 때문에 상대와의 소통을 위해서는 상대와 함께하는 동안에 자신의 몸을 잘 느껴 몸의 소통을 가능할 수 있게 해야 하며 오랫동안 차단되었던 내부감각의 활성화를 통해 감정을 개방시키지 않는다면 자신의 감정 뿐 아니라 타인의 감정에 대하여 역시 공감하기 어려운 상황이 마주할지 모른다.

:: 몸의 의미

몸은 보는 관점에 따라 다양한 의미를 지니고 있다. 우선, 인체 해부학적 의미에서의 몸을 바라본다면, 몸은 지구와 닮았다고 할 수 있다. 사람의 몸은 물 70%, 단백질과 칼슘의 순으로 구성되어 있고 단백질은 1만 종 이상의 종류와 20종류의 아미노산의 다양한 개수와 여러 방식으로 연결되어 있다. 51개 아미노산으로 이뤄진 인슐린, 아미노산 223개의 트립신, 아미노산 574개의 헤모글로빈 등 인간의 몸은 무한한 우주와 유사하다. 또한 몸은 부위별로 구분할 수 있고 뼈와 근육, 장기의 기능에 따라서 역시 구분할 수 있다. 하지만 인간의 몸이 더욱 가치 있는 것은 내재적 가치로서의 몸의 의미에 있다.

1 몸의 애착

인간을 사회적 동물이라 하듯 인간의 몸 역시 혼자서는 살아갈 수 없도록 설계되어 있다. 1980년대 후반, 콜롬비아 보고타에서 재정곤란에 의해 인큐베이터가 부족해 조산아의 사망률이 높아졌었다. 높아지는 조산아 사망률을 낮추기 위한 방법을 고민하던 의사들은 하루에 일정시간 아기 부모의 배 위에 눕혀 지내게 하는 의견을 제안하여 실행하게 된다. 이는 콜롬비아 보고타의 조산아 사망률은 70%에서 30%로 낮출 수 있게 해주었고 의사들은 이를 규명하기 위해 연구하였다. 그 결과, 아기의 몸과 부모의 몸이 맞닿으면 아기의 체온에 맞춰 부모의 체온이 조절되어 적정한 체온을 유지하게 해주고 있음을 밝혀냈다. 아기의 몸과 부모의 몸이 맞닿는 촉각은 아기가 세상에 태어나 가장 먼저 사랑을 경험하는 방식이다. 동물도 마찬가지로 새끼를 핥아 사랑을 표현하고 상대를 만지면서 몸과 몸이 닿으며 사랑과 애착이 된다. 이로써 애착의 근원은 곧 몸이자 인간의 몸은 다른 이의 몸을 원하고 있으며 인간은 사회적 동물로서 서로 교감하고 교류함을 보여준다. 영어 허그(Hug)의 의미에서도 몸의 의미를 찾아낼 수 있다. 허그는 본래 스칸디나비아의 '편안하게 하다'라는 의미의 어원에서 유래된 것으로 노르웨이어인 'hugga'와는 동의어이며 '위안을 주다'의 뜻을 가지고 있다. 몸은 곧 접촉을 원하고 접촉을 통해 상대의 표정과 감정에 공감하며 상호관계를 형성하고 소통할 수 있게 한다.

2 몸의 지혜

몸은 '지혜'를 품고 있다고 할 수 있다. 지혜는 머리가 아닌 몸에 있다는 것으로 육감(六感)을 육감(肉感)이라 할 수 있는 것과 같은 맥락이다. 육감(六感)은 분석적이거나 절차적인 사고를 거치지 않고 직관적으로 상황을 파악하거나 판단하는 감각을 말하며 육감(肉感)은 머리가 아닌 몸으로 느끼는 것을 의미한다. 이것은 동물적 감각에 가까우며 이를 영어로 표기하면 겉 힐링(gut feeling)이라 하여 신체의 장을 뜻하는 단어를 사용하기도 한다. 장은 단순한 소화기관이 아닌 신체 기관 중에서 뇌의 신호를 받지 않고 유일하게 스스로 판단하는 기관으로 면역체계의 중요한 역할을 하고 있다. 우리가 머리가 아닌 몸의 판단에 맡길 수 있는 것은 곧 몸과 마음의 분리가 불가능하며 몸이 의식과 지혜를 지니고 있음을 의미한다.

■ 니체의 몸

서양의 철학자 니체가 말하길 “나는 전적으로 신체일 뿐, 그 밖의 아무것도 아니며, 영혼이란 것도 신체에 깃들어 있는 그 어떤 것에 붙인 말에 불과하다. 신체는 커다란 이성이며, 하나의 의미를 지닌 다양성이고, 전쟁이자 평화, 가축의 무리이자 목자이다.” 니체는 당대 신체에 대한 차별에 앞서 몸에 대한 새로운 발상을 제시했던 학자이다. 기독교의 등장 이후로 인간의 몸은 등한시해 졌으며 단지 아이를 낳기 위한 수단적 존재로 몸을 여겨왔었다. 이에 반하여 정신은 작은 이성에 불과하며 큰 이성은 곧 신체라 주장한 니체의 발상은 매우 놀라운 발상이었다. 그러나 니체가 논하는 몸의 의미는 단순한 몸뚱이를 말하는 것이 아닌 정신, 뇌, 영혼 혹은 그보다 더 큰 개념을 포함하여 감정과 감각이 있고 사유하며 영혼이 깃들어 있는 진정한 인간의 몸이었으며 니체는 큰 이성으로서의 몸을 몸과 마음, 그리고 영혼의 통합체라 불렀다.

■ 맹자의 몸

공자는 성인이 되기 위한 사람을 군자(君子)라 하였는데 맹자는 이를 대인(大人)이라 하였고 이에 반하는 말을 소인(小人)이라 하였다. 맹자는 대인과 소인의 차이가 몸의 차이에 있다고 보았다. 대인은 큰 몸을 따르고, 소인은 작은 몸을 따르는 사람이라 하였고 큰 몸이란 마음이 담긴 몸이라 하였다. 맹자가 말하길 인간의 몸은 마음과 연결되어 있기에 쾌락만을 추구하는 것이 아니라 욕구를 조절할 줄 알고, 타인을 공감할 줄 알며 선(善)을 지향한다고 하였다. 즉, 맹자가 논한 작은 몸은 몸과 마음이 분리된 신체를 말하며 큰 몸은 몸과 마음이 하나가된 통합체를 의미하는 것이다.

:: 몸과 소통

밀턴 에릭슨(Milton H. Erickson)은 최면, 가족치료 분야에 저명한 미국의 정신과 의사이지만 색맹이었으며 소아마비, 난청, 난독증을 앓고 있었다. 그럼에도 불구하고 의사가 될 수 있었던 것은 자신의 몸을 느끼고 몸과 소통할 수 있었기 때문이다. 에릭슨이 6세일 때, 교회의 성가대 사람들이 굉장히 행복해 보이는 것에 궁금증이 들었다. 난청으로 그들의 노랫소리를 잘 들을 수는 없어 그들의 행동을 유심히 관찰하기 시작했고 서로 함께 호흡하고 노래에 교감함을 알게 되었다. 이후 에릭슨은 상대와 대화를 나눌 때 '호흡 맞추기'에 주력하기 시작한다. 에릭슨은 대화를 나눌 때 상대와 호흡을 맞추려 의식적으로 노력했으며 자신의 몸의 감각에 집중하기 시작했다. 이는 상대와의 깊은 유대감을 형성하게 해주었고 정신과 의사로서 상담에 임할 때에도 긍정적인 결과를 가져왔으며 자신의 약점을 보완해줄 수 있었다. 곧 자신의 몸의 느낌을 깨닫고 상대와의 호흡을 맞추려 노력한 것은 밀턴 에릭슨이 직관력을 가진 정신과의사가 될 수 있도록 하는 원동력이 되었다.

엘자 긴들러(Elsa Gindler)는 신체 심리학의 개척자라 인정받는 여성으로 폐결핵을 경험하면서 몸에 대한 관심으로 몸과의 소통에 힘쓴 사람이다. 폐결핵을 심하게 앓은 후 호흡이 힘들었던 그녀는 한 쪽 폐만으로도 호흡을 충분하게 하고 싶었고 방법을 연구하던 중, 자신의 몸을 들여다보기 시작한다. 그리고 자신의 몸의 감각을 일깨우고 몸을 느끼면서 한쪽 폐가 충분히 호흡작용을 할 수 있도록 변화시키려 하였다. 이는 신체 내부감각을 일깨워 움직임을 활성화시키는 것으로 폐와 연결된 기도, 목구멍, 흉곽, 횡격막, 복부를 몸이 자각하여 의도적으로 변화를 주기 시작한다. 이 과정에서 그녀는 신체 심리라는 것을 깨닫게 된다. 즉, 자신 스스로 몸을 깨닫고 느끼면 자아 교정을 통해 몸의 내부감각을 변화시킬 수 있으며 몸의 근육과 내부감각을 제어함으로써 건강과 심리에 영향을 미치고 자신을 바꿔나갈 수 있음을 알게 되었다.

모세 펜델크라이스(Moshe Feldenkrais)는 심신 통합 프로그램을 만든 세계적인 물리학자이다. 그는 무릎을 심하게 다친 뒤 만성통증에 시달렸고 의학적 수술에도 완치가 불가함에도 불구하고 통증에서 벗어나고 싶었다. 때문에 신경생리학, 심리학, 해부학, 물리학 등 다방면의 연구를 통해 인체 구조에 가장 적합한 자세와 동작으로 뇌의 능력을 향상시킬 수 있는 몸 자각 근육활동을 만들게 된다. 그리고 정신적 안정에 도달할 수 있는 자신만의 요법을 개발하고 단순한 동작을 천천히 반복하며 몸의 감각을 발달시키는 경험을 하게 된다. 그리고 이는 신체 건강으로 이어지게 되고 몸의 감각을 깨워 건강을 되찾게 되는 경험을 할 수 있게 된다.

몸과의 소통은 곧 몸의 내부감각을 잘 느끼는 것에서 시작된다. 몸과 소통을 함으로써 의식의 확장을 경험하게 되고 정서와 심신의 안정과 더불어 신체적 건강을 되찾을 수 있게 된다. 위의 세 사람의 사례는 몸의 소통을 통해 건강을 되찾거나 긍정적 결과를 얻은 구체적인 사람들의 사례로 우리가 왜 몸과 소통을 해야 하는지, 몸과의 소통을 위해서는 어떻게 해야 하는지에 대한 방법을 보여주고 있다.

1 몸의 내부감각

몸과 소통을 위한 방법의 가장 첫 번째 방법은 몸의 내부감각을 일깨우는 것이다. 우리에게 익숙한 '감각'인 시각, 후각, 촉각, 미각, 청각의 오감은 몸의 외부감각을 인식하는 감각기관이다. 하지만 인간의 몸은 신체 내부를 감지하는 내부감각을 지니고 있다.

몸이 지니는 내부감각은 크게 세 가지로 첫째, 운동감각(kinesthesia)이다. 근육, 관절, 인대 조직의 신경을 통해서 몸의 움직임, 위치, 건강을 감지하는 것이며 둘째, 내부 장기의 피드백(visceral feedback)이다. 이는 몸 안의 내장기관 상태를 지각하는 것으로 심장박동, 호흡 빈도와 깊이, 장 움직임, 위장의 공복감 또는 팽만감 등을 인지하는 것이 해당된다. 셋째, 진정 피드백(labyrinth vesticular feedback)이다. 평형과 균형감각으로 몸의 내부감각을 잘 감지하는 것이 위의 세 가지 감각을 지각하여 해석할 수 있는 것에 있다. 이를 잘 느낀다는 것은 곧 내 몸이 무엇을 요구하는지 바르게 알아차릴 수 있음을 의미하며 뇌에서 내 몸을 해석함에 오류를 범하지 않음을 뜻한다. 예를 들어 빨라진 심장박동이 중요한 발표를 앞두고 긴장감에 의해 빨라진 것일 수도 있으며 누군가가 나를 쫓아와 해를 가할까 하는 두려움에 빨라진 것일 수도 있다. 이처럼 상황이나 혹은 질병이나 외부요인을 배제하고 온전히 자신의 몸을 느끼는 훈련이 필요하며 이는 내 몸을 섬세하게 바라보는 '바디스캔'의 자세가 필요하다. 질병이나 건강문제 이외의 기본적인 감정관리에 있어서도 몸의 이해는 필요하다. 인간은 기본적인 감정인 분노, 슬픔, 증오, 행복, 두려움, 수치심에 따라 특정한 몸의 감각 반응을 유발한다. 몸의 감각을 느낄 수 있다면 감정의 조절을 통해 심신을 쉽게 안정시킬 수 있을 것이다. 심신의 안정 방법으로 가장 널리 사용되는 방법은 바로 호흡이다. 호흡의 조절은 지금까지 상담사들이나 의사들의 심신치유목적으로 사용되는 것으로 호흡의 조절을 통해 심신안정으로 내부감각을 조절하는 것이다. 감정이 동요되면 호흡은 짧아지고 불안정해진다. 호흡의 조절과 이완된 호흡법은 심신의 안정을 돕고 긴장을 완화시켜주며 본래 감정과 연관성이 깊어 호흡을 통해 감정을 조절하는 방법을 라벨링 기법이라 부르고 있다.

■ 바디스캔

바디스캔은 내 몸을 온전히 바라보고 느끼는 수련의 방법으로 잠들기 전 누운 자세로 자신의 몸을 느껴보는 것이 좋다. 한 번에 몸 전체를 느낄 수 없기에 나누어 부위별로 감각을 느끼는 것이 좋으며 마음 챙김 수련 과정의 기본 훈련 방법으로도 사용되고 있다. 다음의 순서를 끝까지 완수하지 않아도 되며 도중에 잠이 들어도 되고 몸의 흐름만을 느껴도 된다.

① 눈을 감거나 뜨는 것은 무관하기 때문에 편한 상태를 유지하도록 한다.

② 침대나 바닥에 몸을 눕혀 몸과 바닥의 접촉을 느낀다. 몸의 접촉부분과 접촉되지 않은 부분이 어디인지, 신체 부위별(좌·우, 다리, 견갑골 등) 차이를 느껴본다.

③ 자신의 호흡에 주목하여 숨을 들이쉬고 내쉴 때, 몸과 바닥의 접촉면이 어떻게 차이가 나는지 느껴본다.

④ 오른쪽 발부터 오른 무릎, 오른쪽 허벅지, 허리, 오른팔, 오른쪽 어깨, 목, 머리, 얼굴, 왼쪽 어깨, 양쪽 견갑골, 왼팔, 왼 허벅지, 왼 무릎, 왼발까지 시계방향으로 몸을 느껴본다. 신체 부위별로 몸의 긴장도, 압력, 열감을 확인해본다.

⑤ 신체 특정 부위에서 호흡이 이뤄지고 있다고 생각해본다. 한 손으로 해당 부위를 만지거나 약하게 두드리며 그 부위에 숨구멍이 있다고 상상해본다.

⑥ 긴장이 느껴지는 부위가 있다면 부드럽게 말하며 긴장을 풀어본다. 예를 들면, 왼쪽 어깨에 긴장감이 느껴지면 "부드러운 왼쪽 어깨"라 말하며 힘을 내려놓는다. 효과적인 이완을 위해 계속해서 힘을 빼준다.

■ 감정의 알아차림

감정의 알아차림을 위해서는 신체감각을 잘 느껴야 한다. 목소리, 근육, 심장박동, 호흡 등에 주의를 기울이고 감정에 따른 신체 감각반응을 찾아 감정에 따른 신체 변화를 관찰하는 자세가 필요하다.

분노의 감정을 느끼면, 어깨의 근육이 특히 긴장되고 미간은 찌푸려진다. 이는 악물게 되며 입술에 힘이 들어가 상체와 얼굴에서 열감이 느껴지고 눈에도 힘이 들어간다. 슬픔의 감정은 눈가가 촉촉해지고 목이 메어오며 눈꺼풀은 처지고 눈의 초점이 흐려진다. 두려움의 감정을 느낄 때에는 심장박동과 호흡이 빨라지고 몸과 목소리는 떨리며 눈썹이 올라가고 눈은 커진다. 또한 창백한 기색에 식은땀이 흐르고 털이 곤두 설 수 있다. 행복의 감정에는 미소가 나오며 가슴은 부풀어 오르고 몸이 따뜻해진다. 수치심에는 얼굴이 화끈거리고 고개를 돌려 시선을 회피하게 된다.

■ 감정조절검사 Korean version of Difficulties in Emotional Regulation Scale, K-DERS

다음은 여러분의 느낌이나 생각에 대하여 묻는 내용입니다. 현재, 또는 지난 6개월 동안 그런 일이 얼마나 있었는지 자신에게 가깝다고 생각되는 항목에 표시해주세요(부록).

2 몸의 언어

앞서 이야기한 표정은 몸의 내부감각이면서 몸이 이야기하는 몸의 언어가 된다. 자신과의 몸의 소통을 시도해 보았다면, 상대와 함께하는 상호소통을 살펴보자. 몸의 몸은 여러 가지 언어를 구사하는데 먼저 표정이다. 표정은 감정을 가장 먼저 외적으로 표현하는 몸의 언어이다. 빠르게 나타났다가 사라지기 때문에 미세한 변화를 읽어내는 것이 중요하다. 심지어 가공된 표정일지라도 나름의 메시지를 담고 있기 때문이다. 이러한 표정은 가짜로 만들 수 있어 확대하거나 축소할 수 있다, 0.5초에 빠르게 사라지기에 0.5초의 인상이라 불리기도 하며 이러한 표정의 이해는 곧 몸의 언어를 통한 상호 커뮤니케이션이 되기도 한다. 하지만 상대의 감정을 쉽게 파악할 수 없다고 할지라도 감정을 이해할 수 있는 방법은 있다. 편안함과 불편함, 긍정과 부정의 사이를 이해하는 것은 몸의 언어를 느끼기에 충분하기 때문이다. 몸의 언어는 항상 좋음, 그리고 나쁨의 범주를 지니고 있다. 상대의 몸짓을 관찰해보고 세부적으로 분석하여 해석하는 방법도 몸의 언어를 이해하는 방법이 될 수 있으나 우선 상대의 편안함과 불안함의 정도를 파악하고 좋음과 나쁨의 경위를 파악하는 것이 이해의 시작이라 하겠다. 얼굴이 표정을 통해 이야기를 하듯이 몸은 편안함과 불안함, 긍정과 부정, 좋음과 나쁨 사이에서 몸짓을 통해 자신의 상태를 이야기하여 감정을 표현한다,

■ 몸의 감정표현

긍정, 편안, 기쁨, 좋음의 상태일 때, 가슴은 어깨가 뒤로 젖혀지고 가슴을 당당히 펼치게 된다. 어깨는 편안하게 내려가 있으며 팔도 자연스럽게 내려진다. 호흡은 자연스러우며 깊은 호흡으로 가슴이 천천히 부풀었다가 가라앉기를 반복하며 팔은 열거나 외투의 단추를 풀어 상체를 오픈하는 열린 자세를 취하게 된다. 반면 부정, 불안, 불쾌, 나쁨의 상태일 때, 몸의 언어는 가슴, 어깨, 호흡, 팔을 중심으로 다음과 같이 반응한다. 가슴은 어깨가 앞쪽으로 둥글게 말리며 가슴이 안쪽으로 꺼지게 된다. 어깨는 목을 보호하듯 올라가고 호흡은 얕고 빨라지며 가슴 위쪽이 빠른 속도로 오르락 내리락을 반복한다. 팔은 팔짱을 끼거나 가방이나 쿠션 등의 사물을 끌어안아 상체를 닫아 보호하는 자세를 취하게 된다. 특히 부정적이고 불편한 감정을 구사하는 몸의 언어는 감추려하는 성질이 있어 알아채기 어렵기 때문에 주의를 기울여야 한다. 긍정적이거나 행복한 상태에서 묻어나오는 몸짓은 쉽게 알아채기 쉬운 몸의 언어로 정확한 이해가 가능하지만 부정적인 감정으로부터 빚어진 몸의 언어는 미세한 변형을 동반하고 있어 몸짓을 통한 또 다른 해석이 필요하다.

■ 몸의 방어

팔짱을 끼는 몸짓을 우리는 일반적으로 방어 자세라 알고 있다. 하지만 이 외에도 적대심을 드러내거나 자기 자신을 위로하고 싶을 때 팔짱을 낀다. 또한 양팔을 크로스로 겹쳐 잡는 몸짓도 마치 팔짱 끼기와 같은 자세라 보일 수 있으나 팔을 손바닥으로 감싸는 모양으로 사실 자신을 껴안은 자세와 더 가깝다. 이 자세는 불안하고 위로를 받고 싶을 때 몸이 이야기하는 몸의 언어로 누군가가 자신을 안아 위로

해주고 안정을 시켜주길 바라는 것처럼 자신 스스로가 껴안아 주고 있다고 할 수 있다.

불안하거나 초조할 때 내 자신을 보호하기 위하여 앞쪽 가슴을 가리는 방법으로 팔짱을 끼게 된다. 근본적으로 심장과 폐와 같은 장기를 보호하기 위한 몸의 언어로 부정적인 느낌을 줄 수 있어 의식적으로 피하려 하는 몸짓이지만 불안과 초조의 감정이 심화되면 팔을 가로질러 가슴을 가로막는 큰 몸짓이나 미세하게 변형된 동작으로 이와 같은 자세를 취하게 된다. 남성의 경우 한 쪽 손으로 다른 쪽 팔의 소매 끝이나 시계, 반지 등을 만지는 행동으로 가슴을 막는 자세를 취하는 경우가 있으며 여성의 경우 가방을 이용하여 방어막을 만드는 경우가 있다.

■ 몸의 반응

뜻대로 되지 않고 일이 수월하게 잘 풀리지 않을 때 옷깃을 잡아당기거나 남성의 경우 넥타이에 손이 가기도 한다. 비즈니스 미팅에서 일이 쉽게 풀리지 않을 때 남성이 넥타이 매듭 부분을 잡고 좌우로 당겨 느슨하게 하는 모습은 우리가 드라마를 통해 쉽게 접해온 모습이다. 마찬가지로 현실에서 일어날 수 있는 몸의 언어 중 한 부분이지만 이보다 더 어려운 몸짓으로 표현되는 경우가 많다. 한 손으로 옷의 목 앞부분을 살짝 당기거나 양 손으로 어깨의 옷 양쪽을 잡고 살짝 들어 올리는 경우, 옷매무새를 다시 가다듬는 경우가 같은 맥락에서의 몸짓이다. 여성의 경우는 목옆에 있는 머리카락을 손으로 살짝 넘기거나 잔머리를 넘기는 몸짓을 통해 자신의 답답한 감정을 표현하게 된다.

■ 몸의 기울기

관심이 생기면 몸은 앞으로 기울어진다. 사람이 앉은 자세로 있을 때 이러한 반응은 더욱 뚜렷하게 나타난다. 더 가까이에서 보고 싶고 더 자세히 듣고 싶지만 하체가 의자에 고정되어 있어 자연스레 몸이 기울어지는 것으로 긍정적인 신호를 보내는 몸의 언어이다. 몸의 방향은 관심과 집중의 표현이 되며 몸의 기울기는 관심과 호감을 전달하는 몸의 언어이다. 때문에 상대와 이야기를 나눌 경우 상대방에게 몸을 앞으로 기울여본다면 상대는 나와 더 많은 이야기를 나누고 싶어 할 수도 있다. 하지만 기울기를 조절하지 않고 너무 몸을 앞으로 기울인다면 억지로 다가가는 느낌을 줄 수 있어 오히려 더 멀어질 수 있다. 적절한 기울기는 어떻게 알 수 있을까? 몸을 조금씩 기울이며 상대의 반응을 체크해본다면 상대의 몸이 어느 방향으로 기우는지 확인할 수 있을 것이다. 내가 몸을 앞으로 기울일 때 상대는 오히려 뒤로 물러난다면 아직 상대와의 유대를 형성할 시간이 더 필요하다는 것을 짐작하게 해준다. 이는 서로의 이야기에 관심이 얼마나 있는지를 알 수 있는 몸의 소통이라 할 수 있다.

∷ 몸의 치유

치유는 정신, 육체, 영혼의 하모니를 뜻하는 '건강'을 의미한다. 이는 Haehen '완전하여 진다'는 앵글로색슨어를 어원으로 하며 치료를 위한 물리적 환경의 의미를 넘어 스트레스와 같은 심신, 정서, 정신적 문제의 극복을 돕고 건강 상태로의 호전을 도와주는 모든 환경 및 활동을 의미하고 있다. 오늘날에는 치료의 개념과 명확한 구분 없이 사용되고 있으나 릴랜드 카이저(Leland Kaiser)에 의해 과학과 테크놀로지의 Curing의 개념인 치료와 영적, 경험적, 인간으로의 전인적 접근에 초점이 맞춰진 Healing의 치유로 관점을 달리하고 있다.

'다비드 세르방'이 말하길 "아주 작은 정신적인 활동일지라도 바이오리듬에 즉각적인 영향을 미친다. 바이오리듬의 진폭이 가장 클 때 면역력이 향상되었으며 염증이 저하되고 혈당의 수치는 떨어졌다. 이는 암을 억제하는 주요 요인이 되기도 한다." 이처럼 건강 유지와 더 나아가 질병 예방에 있어서 자율신경계의 균형은 매우 중요함을 밝혔다.

1 몸의 감정

감정은 몸의 치유를 위해 파악해야 하는 중요한 부분이다. 감정은 경험에 의해 몸이 생각하고 그에 따른 행동 요구에 의하여 반응하는 것을 말하며 감정에는 몸에 대한 다양한 정보가 담겨있어 감정의 파악은 곧 몸과의 소통을 위해 몸을 느끼는 방법이 되기도 한다. 몸의 감정을 느껴 교류하는 것은 언어를 통한 소통보다 능률적이고 효과적일 수 있다. 감정은 신체감각을 수반하고 개선을 위한 목소리를 내지만 우리는 고통스럽고 부정적인 감정을 피하려는 경우가 있다. 하지만 고통과 부정을 회피하는 것은 더욱 심화된 나쁜 상황을 가져올 수 있다. 그렇기에 지혜롭게 고통과 부정의 감정을 다스리기 위한 노력이 필요하며 이는 인정에서 시작된다. 먼저, 자신이 고통을 경험하고 있다는 것을 인정한다. 그리고 현재 경험하고 있는 고통에 주의를 기울인다. 또한 나에게 고통을 주는 것은 언젠가는 지나가는 것임을 인식한다. 마지막으로 감정에 반응하기 위해 행동할 준비를 한다. 문제에 직면할 때 위의 과정을 따라 고통을 예방하고 난관을 극복한다면 좀 더 다양한 감정의 경험과 삶의 풍성함을 경험할 수 있을 것이며 훗날의 고통을 덜어 주거나 없애줄 수 있는 충분한 조치가 될 것이다.

■ 고통과 부정의 감정요인

첫째, 자신을 잘 돌보지 않으면 고통과 부정의 감정에 휩싸일 수 있다.

규칙적인 생활습관을 통해 이상적인 생체리듬을 형성하는 것은 긍정적인 감정반응을 생성하는 데 도움이 될 수 있으나 신체적으로 불규칙한 습관이 반복된다면 기분과 감정에 큰 영향을 줄 수 있다. 때문에 격한 감정이나 분노에서 벗어나기 위해서는 숙면을 취하고 영양을 고루 갖추어 자신을 잘 돌보아야 한다. 자신을 잘 돌보지 못 할 지라도 자신의 힘든 상태를 드러내지 않도록 인내의 힘을 길러야 하며 자신의 상황을 이해하도록 해야 한다. 예를 들어 "하루만 참고 기다려보자, 이것이 진짜 이 상황에 의해 느끼는 감정인지, 아니면 피곤한 마음에 그런 것인지 알 수 없잖아?"라며 성급한 판단으로 후회하는 일이 없도록 자신만의 약속이나 원칙을 세워 따르는 것이 중요하다. 혹은 우리의 감정이 얼마나 쉽게 뒤바뀔 수 있는지를 깨닫고 순간의 감정에만 휩싸이지 않도록 해야 한다.

둘째, 미래의 일을 예측하거나 걱정하면 고통과 부정적 감정에 휩싸일 수 있다.

지금 나에게 일어나는 일이 앞으로 어떻게 펼쳐지고 미래에 어떤 영향을 줄 것인지 생각하고 예측하는 것은 일반적이라 생각할 것이다. 하지만 자신에게 유리한 방향을 고민하면서 여러 상상을 하게 되고 불안과 착각에 의해 고통과 부정의 감정이 생겨날 수 있다. 이것은 스스로의 모습을 모니터링하면서 나의 생각이 어떤지를 살펴 예방할 수 있다. 현재 자신의 상황에 집중하고 처지를 파악함에 좀 더 근본적인 문제를 발견하거나 구체적인 해결책을 강구해 낼 수도 있을 것이다.

■ 마음건강 Mental Fit-ness

마음건강척도는 건강한 마음이해 정도를 알아보기 위한 척도로 자기평가를 바탕으로 하고 있다. 마음건강척도를 통해서 자신의 마음건강 상태를 확인해볼 수 있으며 합산된 점수가 높을수록 마음건강정도가 높다(부록).

2 몸과 치유

치유에 있어서 특히 몸은 마음과 연결되어 있어 치유나 문제를 극복하는데 중요한 역할을 하고 있다. 마음은 몸의 잠재력과 인체 자율신경계에 영향을 미치고 있으며 적절한 영양을 유지하고 적당한 운동과 충분한 수면, 신선한 공기, 개인적인 습관의 조절이 건강 유지의 필수조건이라 할 수 있다. 그리고 건강을 위하 질병이나 문제를 극복하고자 하는 비침습적인 노력은 전인적인 운동이나 치유의 방법으로 논의되고 있는데 이것은 우리가 알고 있는 명상요법이나 요가, 바이오피드백, 자연요법 등이 속한다. 우리 몸의 바이오리듬은 몸 속 유전자에 입력되어 있는데 이를 서캐디안 리듬이라 부른다. 이는 우리 몸 속 자율신경계의 교감신경과 부교감신경의 기능조화를 통해 건강을 유지하며 특히 스트레스의 경우 신경계 균형을 파괴하여 면역계 저하와 자율신경 실조를 일으킨다. 그렇다면 자율신경계를 의지대로 조절하고 면역계를 상승시켜 건강을 유지할 수 있는 방법은 무엇일까? 의술이나 의약에 힘을 빌릴 수 있으나 자율신경계의 조절은 곧 우리의 의지로도 가능하다고 할 수 있다. 자율신경계의 조절은 몸과의 소통에서 시작되며 몸과의 소통을 위해 마음을 살펴보아야 한다. 몸의 치유는 마음으로의 접근에서 시작된다. 마음과의 접근을 위해서는 몸과의 소통이 이뤄져야 하며 몸과의 소통을 위해서는 몸의 언어를 알아차릴 수 있어야 하겠다. 몸의 언어를 알아차리는 것은 마음을 알아차림과 같기 때문에 자신의 마음상태를 잘 알아차릴 수 있는 사람일수록 정신적으로 매우 유연하며 감정조절 능력이 뛰어나다고 볼 수 있다.

■ 명상과 몸의 언어

몸의 언어를 학습하기 위해 자신의 마음을 들여다보는 과정에서 사람들은 사고방식을 형성하게 되고 평정심과 문제를 해결할 수 있는 회복 탄력성이 길러질 수 있다. 이처럼 자신의 마음상태를 잘 알아볼 수 있기 위해서는 연습이 필요하며 지속적인 연습은 어느 순간 자연스럽게 자신의 마음을 쉽게 알아차릴 수 있도록 해주며 몸과의 소통을 가능하게 해준다. 우리가 흔히 사용하는 연습의 방법은 곧 명상이라 할 수 있으며 명상을 통한 호흡조절과 바디스캔은 몸의 치유를 가능하게 하는 하나의 과정이자 절차이다. 그리고 명상은 열린 마음으로 모든 것을 받아들이는 것으로 모든 생각과 감정, 그리고 감각을 있는 그대로 바라보는 것이라 하였다. 이러한 수련이나 호흡조절을 통해서 심장박동, 혈류량 등을 증가시키거나 감소시킬 수 있고 불수의적인 생리기능을 제어할 수 있다. 마치 기분이 좋으면 부교감신경이 흥분되고 스트레스를 받으면 교감신경이 자극되는 것과 같이 몸 상태를 어떻게 조절하느냐에 따라서 자율신경계의 변화를 일으킬 수 있다.

■ 명상을 통한 마음인식

명상의 방법에 따라 자신의 몸을 되돌아보고 몸의 감각을 깨워 마음의 상태를 알아채 몸과 소통한다. 먼저, 앉은 자세로 10~15분 동안 천천히 호흡을 한다. 의식적인 호흡은 몸과 정신의 패턴이 바뀜을 알아차리게 되면서 현재 진행 중인 감각적인 경험에 집중하게 해준다. 떠오르는 생각이 있다면 생각과 감정을 알아차리고 이를 인정하여 그대로 내버려둔다. 인정할 경우에는 계획, 걱정, 지루함 등 구체적이고 단순한 이름으로 생각을 정리하는 것이 좋다. 이 과정에서 좋고 나쁨을 판단하고자 하는 자신의 마음을 느낄 수 있을 것이다. 특히 마음에 들지 않거나 혐오스러운 생각과 감정이 나타나기도 한다. 하지만 이 자체도 인정하고 사라지면 사라지도록 내버려 두는 것이 좋다. 집착과 저항 없이 단순한 관찰을 통해 어떠한 생각이나 감정을 우호적으로 바라볼 수 있도록 하면서 나의 삶의 방식이 자리 잡힐 수 있도록 해준다.

나에게 묻는 메모

- 명상 후 일기를 작성해보고 자신의 생각과 감정을 인식하여 이와 관련된 경험이 어떻게 바뀌게 되었는지 기록한다.(바뀌게 되었을 경우)
- 반복적으로 나타난 마음 상태가 있었는가?
- 특정한 생각이나 이야기를 불러일으킨 감정이 있었는가?
- 마음상태를 최대한 간결하게 유지할 수 있었는가?

■ 몸의 치유력 향상법

몸 안에 잠재된 치유력을 깨우기 위해서는 스스로가 건강의 주체가 되어야 한다. 몸을 건강의 주체로 인식하고 몸 자체를 존중하는 것, 자신의 몸을 소중히 생각하는 것이 몸 안의 치유력을 깨우는 방법이라 할 수 있다. 본래 외부로부터 발생된 외상사고를 제외한다면 치유는 본질적으로 의사의 의술이나 의약적 약물치료에 의해 이뤄지는 것이 아닌 우리 몸의 치유로 이루어지며 곧 치유력의 핵심은 몸이 된다.

실제 우리의 몸 내부에는 건강을 유지하기 위한 많은 보호 장치와 프로그램이 포함되어 있다. 독소를 해독하는 간, 폐, 장의 해독 시스템을 예를 들자면, 내 몸이 해독할 수 있는 양 이상의 많은 술은 구토를 유발하게 되는데 이는 곧 해독 시스템의 작용에 의한 것이라 할 수 있다. 즉, 머리가 아닌 몸이 느껴 반사적으로 반응하는 것이며 몸의 신호라 할 수 있다. 하지만 그럼에도 불구하고 몸의 신호를 어기고 과음을 한다면 몸의 해독 시스템의 작동에 오류가 생기기 때문에 아무리 마셔도 구토를 하지 않게 되는 몸으로 변하게 된다. 이는 곧 치유력이 저하된 몸이자 몸의 보호 장치를 잃어버리는 결과를 초래하게 되는 것이다. 질병에 걸리는 이유 역시 몸의 소통을 거부하고 몸의 경고를 무시함에 빚어진 결과라 할 수 있다. 건강문제의 해결을 의료인에게만 찾는 것이 아닌 몸의 이야기를 듣고 몸과의 소통을 통해 몸을 치유하는 자세가 필요하다. 존중받는 몸일수록, 그리고 자각된 몸일수록 더욱 치유력은 발휘된다.

■ 감정조절검사 Korean version of Difficulties in Emotional Regulation Scale, K-DERS

다음은 여러분의 느낌이나 생각에 대하여 묻는 내용입니다. 현재, 또는 지난 6개월 동안 그런 일이 얼마나 있었는지 자신에게 가깝다고 생각되는 항목에 표시해주세요.

문항	전혀 그렇지 않다	그렇지 않다	보통 이다	대체로 그렇다	매우 그렇다
1. 나는 내 감정에 대해 분명하게 알고 있다.		②	③	④	⑤
2. 나는 어떻게 느끼는 지에 주의를 기울인다.	①	②	③	④	⑤
3. 나는 감정에 압도되어 감정을 통제하기 힘들다고 느낀다.	①	②	③	④	⑤
4. 내가 어떻게 느끼고 있는지를 알지 못한다.	①	②	③	④	⑤
5. 내 감정을 이해하기 어렵다.	①	②	③	④	⑤
6. 나는 내 감정에 주의를 기울인다.	①	②	③	④	⑤
7. 나는 내가 어떻게 느끼고 있는지를 정확히 안다.	①	②	③	④	⑤
8. 내가 느끼고 있는 것에 관심이 있다.	①	②	③	④	⑤
9. 내가 느끼는 방식(감정)에 대해 혼란스럽다.	①	②	③	④	⑤
10. 나는 화가 나거나 기분이 나쁠 때, 내 감정을 알아차린다.	①	②	③	④	⑤
11. 나는 화가 나거나 기분이 나쁘면, 그렇게 느끼는 나 자신에게 화가 난다.	①	②	③	④	⑤
12. 나는 화가 나거나 기분이 나쁘면, 그렇게 느끼는 것에 대해 당황하게 된다.	①	②	③	④	⑤
13. 나는 화가 나거나 기분이 나쁘면, 일을 끝마치기가 어렵다.	①	②	③	④	⑤
14. 나는 화가 나거나 기분이 나쁘면, 자제하지 못한다.	①	②	③	④	⑤
15. 나는 화가 나거나 기분이 나쁘면, 오랫동안 그런 상태로 있을 것이라고 믿는다.	①	②	③	④	⑤

문항	전혀 그렇지 않다	그렇지 않다	보통 이다	대체로 그렇다	매우 그렇다
16. 나는 화가 나거나 기분이 나쁘면, 결국에 내가 아주 우울하게 느낄 것이라고 믿는다.	①	②	③	④	⑤
17. 나는 화가 나거나 기분이 나쁘면, 다른 일에 집중하기가 어렵다.	①	②	③	④	⑤
18. 나는 화가 나거나 기분이 나쁘면, 자제하지 못한다고 느낀다.	①	②	③	④	⑤
19. 나는 화가 나거나 기분이 나쁘더라도 여전히 일을 끝마칠 수 있다.	①	②	③	④	⑤
20. 나는 화가 나거나 기분이 나쁘면, 그렇게 느끼는 것에 대해 부끄럽게 느낀다.	①	②	③	④	⑤
21. 나는 화가 나거나 기분이 나쁘면, 궁극적으로 기분이 더 좋아지는 방법을 내가 찾을 수 있다고 믿는다.	①	②	③	④	⑤
22. 나는 화가 나거나 기분이 나쁘면, 내가 나약한 사람처럼 느낀다.	①	②	③	④	⑤
23. 나는 화가 나거나 기분이 나쁘더라도 내 행동을 통제할 수 있는 것처럼 느껴진다.	①	②	③	④	⑤
24. 나는 화가 나거나 기분이 나쁘면, 그렇게 느끼는 것에 대해 죄책감을 느낀다.	①	②	③	④	⑤
25. 나는 화가 나거나 기분이 나쁘면, 집중하기 어렵다.	①	②	③	④	⑤
26. 나는 화가 나거나 기분이 나쁘면, 내 행동을 통제하기 어렵다.	①	②	③	④	⑤
27. 나는 화가 나거나 기분이 나쁘면, 내 기분을 더 좋아지게 하기 위해서 내가 할 수 있는 일이 아무것도 없다고 믿는다.	①	②	③	④	⑤
28. 나는 화가 나거나 기분이 나쁘면, 그렇게 느끼는 나 자신에게 짜증이 난다.	①	②	③	④	⑤
29. 나는 화가 나거나 기분이 나쁘면, 나 자신에 대해 기분이 나빠지기 시작한다.	①	②	③	④	⑤
30. 나는 화가 나거나 기분이 나쁘면, 그 상태에서 허우적거리는 것이 내가 할 수 있는 모든 것이라고 믿는다.	①	②	③	④	⑤
31. 나는 화가 나거나 기분이 나쁘면, 내 행동에 대해 통제력을 잃는다.	①	②	③	④	⑤
32. 나는 화가 나거나 기분이 나쁘면, 다른 어떤 일에 대해서도 생각하기 어렵다.	①	②	③	④	⑤
33. 나는 화가 나거나 기분이 나쁘면, 내가 진정으로 느끼고 있는 것이 무엇인지 신중하게 이해한다.	①	②	③	④	⑤

문항	전혀 그렇지 않다	그렇지 않다	보통 이다	대체로 그렇다	매우 그렇다
34. 나는 화가 나거나 기분이 나쁘면, 내 기분이 더 좋아지는데 오랜 시간이 걸린다.	①	②	③	④	⑤
35. 나는 화가 나거나 기분이 나쁘면, 내 감정들에 대해 압도당하는 것처럼 느껴진다.	①	②	③	④	⑤

▷결과보기

Gratz & Roemer(2004)가 개발하고 조용래(2007)가 한국인 정서에 맞춰 번안한 척도로 총 35문항이며 175점 만점이다. 1, 2, 6, 7, 8, 10, 33, 21, 23, 19번 문항은 역채점하여 계산하고, 175점에 가까울수록 감정조절곤란을 겪고 있다고 할 수 있다. 위 문항들은 6개의 하위 요인으로 구성되어 있으며 하위요인별 합이 총점에 가까울수록 각 하위요인의 곤란을 겪고 있다고 볼 수 있다.

▷내 점수 알아보기

하위요인	문항	점수	문항	점수	문항	점수	문항	점수	문항	점수	문항	점수	문항	점수	문항	점수	합계	총점
충동통제곤란	3		14		18		26		31									25
감정 주의, 자각 부족	1		2		6		7		8		10		33					35
감정 비수용성	11		12		20		22		24		28		29					35
감정 명료성 부족	4		5		9													15
감정조절전략 접근 제한	15		16		21		23		27		30		34		35			40
목표지향 행동 수행의 어려움	13		17		19		25		32									25
																		175

■ 마음건강 Mental Fit-ness

마음건강척도는 건강한 마음이해 정도를 알아보기 위한 척도로 자기평가를 바탕으로 하고 있다. 마음건강척도를 통해서 자신의 마음건강 상태를 확인해볼 수 있으며 합산된 점수가 높을수록 마음건강정도가 높다.

문항	전혀 그렇지 않다	그렇지 않다	보통이다	대체로 그렇다	매우 그렇다
1. 나는 열정적이다.	①	②	③	④	⑤
2. 나는 나 자신을 아끼고 사랑한다.	①	②	③	④	⑤
3. 나는 무엇을 하든 재미를 잘 느낀다.	①	②	③	④	⑤
4. 나는 피곤해도 쉽게 활력을 되찾는다.	①	②	③	④	⑤
5. 나는 하고 싶은 일이 분명하다.	①	②	③	④	⑤
6. 나는 새로운 것에 관심이 많다.	①	②	③	④	⑤
7. 나는 틈틈이 잘 논다.	①	②	③	④	⑤
8. 나는 낯선 환경에 잘 적응한다.	①	②	③	④	⑤
9. 나는 입장 바꿔 생각하길 좋아한다.	①	②	③	④	⑤
10. 나는 상대방의 가정을 잘 파악한다.	①	②	③	④	⑤
11. 나는 어려운 상황에서도 유머를 잘 쓴다.	①	②	③	④	⑤
12. 나는 매사에 긍정적이다.	①	②	③	④	⑤
13. 지나간 일에 연연하지 않는다.	①	②	③	④	⑤
14. 다른 사람과 나를 비교하지 않는다.	①	②	③	④	⑤
15. 나의 재능이 무엇인지 잘 알고 있다.	①	②	③	④	⑤
16. 내가 원하는 것은 이루어진다고 생각한다.	①	②	③	④	⑤
17. 나는 하고 싶은 말을 잘 표현한다.	①	②	③	④	⑤
18. 나는 상대가 기분 나쁘지 않게 잘 거절한다.	①	②	③	④	⑤
19. 나는 칭찬을 잘 한다.	①	②	③	④	⑤
20. 나는 평상시에 가족과 대화를 많이 한다.	①	②	③	④	⑤

CHAPTER

6

몸의 실천

다이어트 | 마사지 | 뷰티케어 | 의복형식

미(美)에 대한 소비는 아름답고자 하는 인간의 욕구를 근원으로 하고 있다. 때문에 오늘날 우리는 다이어트, 마사지와 같은 몸의 경험에서 헤어스타일, 메이크업, 의복스타일의 장식적 외모꾸미기를 통해 아름다운 몸의 실루엣을 만들었으며 더욱이 피어싱, 타투, 성형 등의 직접적인 몸 변형으로 아름다운 몸을 만들어 내고 있다. 이처럼 우리가 아름다운 몸을 만들기 위해 행하는 모든 경험과 실천행위는 슈스터만에 의해 프래그머티즘 미학이라 정의된다.

:: 다이어트

1 다이어트와 열량

성인의 일일 권장 열량은 남성 2000kcal~2700kcal, 여성 1800kcal~2000kcal 이다. 일일 권장 열량은 체중을 유지하는 수준에서의 식사량으로 3대 영양소 탄수화물, 단백질, 지방을 에너지로 환산한 수치이며 체격이나 나이, 활동량에 따라서 차이가 있다. 비만은 체중을 기준으로 키에 비례할 때, 권장 체중을 초과할 경우를 말하며 비만을 판단하기에 가장 널리 사용되는 기준치는 체질량 지수 BMI(Body Mass Index)이다. "BMI = 몸무게(kg)÷키$(m)^2$"으로 BMI지수가 18.5 미만이면 저체중, 18.5~24.9는 정상체중, 25~29.9는 과체중의 경도비만, 30~34.9는 고도비만이며 35이상은 초고도비만으로 분류한다.

■ 체중감소

체중을 감소시키는 것은 원칙적으로 체지방을 줄이는 것으로 다이어트라 말한다. 체중은 먹는 에너지보다 사용하는 에너지가 더 많을 때 줄어들게 된다. 몸은 자신의 체지방 일부를 태워 부족한 에너지를 충당하기 때문이다. 그러나 우리의 몸무게는 화장실에서 볼일을 보거나, 침을 뱉거나, 땀을 흘리거나, 혹은 호흡, 수분의 배출, 집중 등을 통해서도 체중의 감소가 나타난다. 하지만 이러한 체중감소의 변화는 곧 본래대로 돌아오기에 의미가 없음을 인지해야 한다.

인간의 몸은 항상 본래의 상태를 유지하려는 습성이 있다. 운동을 심하게 할지라도 태워버린 체지방 대신 남은 지방을 덜 태워 소모시키지 않거나, 태워버린 탄수화물 대신 탄수화물의 소실을 막으려는 생리작용이 반복된다. 이러한 인체의 생리작용을 고려하여 체중을 감소시키기 위해서는 적게 먹거나, 지방을 많이 태우거나 둘 중 하나에 집중하는 전략적 다이어트가 효율적이다.

■ 영양소의 열량

열량을 만들어내는 탄수화물, 단백질, 지방은 체지방 축적에 영향을 미치기 때문에 영양소의 열량을 고려한 식단의 조절은 다이어트의 첫 단계라 할 수 있다. 탄수화물은 정해진 권장 섭취량이 없을 정도로 탄수화물은 거의 먹지 않더라도 지방과 단백질이 보충된다면 생명에 문제가 없다. 탄수화물 중에서도 특히 살을 잘 찌우는 탄수화물은 음료, 소스에 첨가된 감미료와 같이 포만감 형성이 적어 많은 양을 먹게 하는 것이다. 본래 탄수화물은 소화속도를 제어하고 포만감을 형성시키는 효과가 있으나 감미료는 당분의 맛이 비교적 뚜렷하게 느껴지지 않고 포만감이 적다. 특히 단맛의 음료는 고지방 식품인 햄버거, 피자, 과자, 치킨 등과 함께 섭취 시 식욕을 자극하는 효과가 있다.

지방은 탄수화물과 달리 몸을 구성하는 필수요소로 섭취 열량의 20~30%를 권장하고 있다. 몸에서 필요한 지방산 대부분은 생성될 수 있지만 리놀렌산, 알파-리놀렌산은 식품으로만 섭취해야 하는 필수지방산이다. 일반적으로 음식으로 섭취한 지방은 그대로 체지방이 될 것이라는 오해가 많지만 지방은 포만감이 탄수화물보다 크고 섭취와 비례하여 연소력이 달라지며 인슐린의 분비를 자극하지 않는 특징이 있다.

단백질은 우리 몸의 근육, 피부, 머리카락, 손톱과 발톱을 구성하는 주성분이다. 체지방으로 변할 확률이 가장 낮은 영양소로 열량 대비 포만감이 3대 영양소에서 가장 높다. 특히 단백질은 세분화된 권장량이 있는데, 운동을 하지 않는 일반인들은 체중(kg)당 1g이상을 섭취하는 것이 좋다. 가벼운 유산소 운동을 즐기는 사람은 체중당 1.2g, 근력운동을 즐기는 경우는 체중당 1.5~2g, 건강에 문제가 있는 고령자의 경우는 체중당 1.2~1.5g 이상으로 섭취하는 것이 권장된다. 저탄수화물-고단백 다이어트의 경우는 체중당 2.5~3g, 고탄수화물-저지방 다이어트의 경우는 체중당 0.75g미만으로 섭취해야 한다.

2 다이어트 방법

다이어트는 살이 빠지게 하는 과정으로 감량 초기 특히 글리코겐과 물이 빠지면서 체중인 2~3kg 급격히 줄어들게 된다. 하지만 다이어트 기간에도 스트레스에 의해 코티졸 호르몬을 증가시키고 부종을 생기게 하여 체중이 그대로 유지되거나 늘어나는 경우가 있다.

체중은 단기간이 아닌 기복에 흔들리지 않고 전보다 적게 먹으면 시간이 지나 일정한 궤도를 찾게 된다. 2~4주 이후부터가 진정한 다이어트 기간으로 허리사이즈를 지속적으로 체크하며 2주 간격으로 적절 일일 열량을 재조정하는 것이 좋다. 일반적인 경우 1kg당 15~20kcal 정도 줄이는 것이 적당하며 예를 들어 10kg 감량을 할 때, 시작보다 150~200kcal를 더 줄이게 된다.

운동의 방법도 체중에 따라 다르다. 고도비만, 과체중, 표준체중에 따라 운동의 방법이 달라지기 때문에 체중이 변화됨에 따라서 운동의 방법도 달라져야 한다. 또한 다이어트는 언제 중단하는지가 중요하게 때문에 정상 체중 범위에 들게 되면, 수치에 연연하지 않고 눈으로 보이는 겉보기 신체를 기준으로 마음에 들 때 그만두는 것이 적절하다. 특히 여성의 극심한 다이어트는 인체생리 문제를 가져올 수 있어 주의해야 한다.

■ 표준체중의 다이어트

표준체중의 다이어트 식사법은 비교적 자유롭게 선택할 수 있다. 본인에게 필요한 하루 열량을 산출하고 내가 원하는 몸이 근육질 몸을 원하는지에 따라서 단백질량을 산출한다. 단백질은 체중 1kg당 1.2g에서 2~3g까지도 가능하며 근육량 증가를 목표로 할 때는 최소 1.8g 이상을 섭취하는 것이 좋다. 지방은 식단의 15~20% 이상을 채워야 신체컨디션에 무리가 없다. 활동량이 많은 경우는 총열량의 50~70%는 탄수화물로 채우고 나머지는 지방으로, 활동량이 적은 경우는 탄수화물을 50% 이하로 설정한 뒤 나머지를 지방으로 계획하는 것이 적절하다.

운동관리는 시간과 노력에 따라 달라질 수 있으나 멋진 몸매를 원할 경우 헬스장에서의 보디빌딩 방식이 추천되고, 강한 힘은 스트레스 트레이닝의 전문적인 트레이닝, 운동 자체를 즐기며 건강한 삶을 목적으로 하는 경우는 자전거나 등산, 서핑, 승마 등의 운동이, 사람들과 어울려 하는 운동을 선호한다면 축구, 야구, 탁구, 배드민턴 등의 구기운동이나 댄스스포츠가 적절하며 열정적이고 승부근성이 동반되는 운동을 선호하는 경우는 크로스핏, 복싱, 격투기 등의 운동관리가 좋다.

■ 과체중의 다이어트

과체중의 경우 폭식성향이 있는지, 없는지를 먼저 판단하고, 폭식성향이 없다면 일자별로 다른 열량을 섭취하는 칼로리 사이클링 다이어트법이 스트레스와 부작용을 감소시키고 정체기를 예방하는 방법이 될 수 있다. 가장 기본적인 방법은 일일 평균열량을 섭취하는 것이며 체중이 안정기에 도입할 때 감량열량인 1,500kcal와 유지열량인 1,900kcal를 번갈아 섭취하여 몸의 무리를 예방할 수 있다.

과체중과 고도비만의 뚜렷한 다이어트법의 차이는 운동관리에 있다. 과체중은 고도비만보다 강도 높은 운동이 가능하고 운동신경이 좋은 사람의 경우 근육강화운동을 실시하는 것이 효과적이다. 과체중의 대표적 운동으로는 순간적으로 강한 힘을 쓰는 점프운동, 점프 스쿼트의 파워트레이닝이 있으며 버티기, 밸런스 운동과 같은 등척성 운동, 3~5회 반복적인 고중량 저반복 중심의 스트렝스 트레이닝 등이 있다.

■ 고도비만의 다이어트

고도비만 식단은 본인의 유지열량 대비 25~30% 정도를 줄이고 기초대사량보다 조금 섭취해야 한다. 사실 고도비만의 경우 필요열량이 크기 때문에 일반인의 간식 정도만 제외한 상태의 일반적 식사량과 비슷하다. 때문에 매일, 매 끼니의 열량을 같은 비율로 줄이는 것이 효과적이며 정확한 열량을 지켜주어야 한다. 간헐적 단식법이나 식습관 사이클링으로 섭취열량에 변화를 주는 것은 폭식이나 거식을 유발할 수 있어 지양하는 것이 좋다. 설탕, 음료, 술의 열량을 가장 먼저 줄이고 탄수화물은 하루 50%를 넘지 않아야 하며 패스트푸드와 군것질을 금해야 한다. 단백질은 총 열량의 20~30%로 구성하고, 남은 20~30%는 지방으로 구성한다.

운동관리는 고강도 운동은 피하고 관절을 보호하는 수영이나 걷기, 고정자전거 등이 적절하다. 수영은 가장 이상적인 운동으로 관절부담이 적으며 열량 소모가 많다. 걷기는 가벼운 활동으로 많은 열량이 소모되는 운동이며 30분으로 시작해 최대 1시간까지 늘리는 것이 좋다. 고정자전거는 외출이 어려울 때 효과적인 운동방법으로 페달의 강도는 1~2단계 위로 낮게 설정하여 숨이 막힐 정도로 최대한 빠르게 돌린다. 근력운동은 강한 반복적 기구운동은 피하고 체중을 이용한 맨몸운동이 적절하며 유산소와 근력운동을 복합하여 병행하는 것도 좋은 운동관리가 될 수 있다.

:: 마사지

1 근육밸런스

근육의 불균형은 비대칭의 몸을 만든다. 불량한 자세는 근육에 스트레스를 주고 염증, 조직손상 등을 초래한다. 잘못된 자세에서 비롯된 근육의 불균형은 어깨, 골반, 다리, 근육의 비대칭을 유발하고 시간이 지날수록 악화되기 때문에 상체와 하체 통증으로 이어지게 되며 이를 예방하기 위해서는 우리 몸의 근력을 강화시켜 몸의 균형을 바로잡는 노력이 필요하다. 즉, 바른 자세를 유지하는 노력이 따라야 한다는 것이다.

비대칭의 몸은 일반적으로 양쪽 어깨의 높낮이가 다르거나 한쪽 다리의 길이가 더 짧은 경우, 혹은 긴 경우가 있으며 이처럼 불균형한 몸은 몸 주변의 근막과 인대, 내부 장기에 악영향으로 이어지게 된다. 몸의 불균형을 예방하기 위해서는 근육기능이 회복되어야 하며 뭉쳐진 근육이 제 기능을 할 수 있도록 마사지를 통해 이를 완화시킬 수 있어야 한다. 긴장한 근육은 딱딱하게 뭉치는 성질이 있는데, 이러한 패턴이 반복될 경우 가슴을 포함한 앞 근육은 수축하고 몸을 지탱하는 중요한 역할의 등 근육과 뒤 근육은 느슨해진다. 이러한 몸의 변화는 피로감을 쉽게 느끼게 하며 무기력해지게 하고, 심할 경우 통증을 유발한다.

■ 근육과 자세

올바른 자세는 근육과 골격이 균형 잡힌 상태로 유지될 때 가능하다. 균형 잡힌 근육은 척추가 정상 곡선을 그리고, 하반신은 상체의 체중을 받치는 상태를 말한다. 근육이 균형을 유지할 때 신체는 정상적으로 움직이게 되며 이에 반해, 불균형한 근육은 신체의 움직임을 더디게 만든다. 때문에 근육의 균형을 유지하여 올바른 자세를 만들고 근육의 기능을 회복시키기 위해서 가장 먼저, 자신의 다양한 자세 습관을 인식하는 것이 필요하다. 다음의 체크리스트를 통해서 나의 자세가 올바른 자세인지, 불균형한 자세인지를 알아보도록 하자.

바른 자세 체크리스트

- ☐ 눈썹과 눈썹 사이가 일직선이다.
- ☐ 양손 끝 높이가 같다.
- ☐ 양쪽 귀 높이가 같다.
- ☐ 고개가 한쪽으로 돌아가 있지 않다.
- ☐ 몸통이 한쪽으로 돌아가 있지 않다.
- ☐ 발끝 벌어진 각도가 같다.
- ☐ 골반의 양쪽 높이가 같다.
- ☐ 다리 길이가 같다.
- ☐ 다리가 휘어져 있지 않다.

■ 걸음과 불균형

체형의 불균형은 걸음걸이로 나타나는데, 팔자걸음, 안짱걸음 등은 근육과 관절이 뒤틀린 결과이다. 걸을 때 체중의 1.5배의 무게가 실린다. 발에서 가장 단단한 부위는 발꿈치인데, 발바닥은 힘을 흡수하고 발가락은 신체 균형을 잡는 역할을 한다. 때문에 균형 잡힌 신체의 걸음걸이는 체중이 발꿈치, 발바닥, 발가락의 순서로 이동하는 것을 말한다.

걸음걸이는 일자걸음의 노력으로만 해서 바로잡을 수 없다. 팔자걸음, 안짱걸음 등 잘못된 걸음의 근본적인 원인은 체형의 불균형이기 때문에 이러한 걸음걸이의 중력은 모두 허리로 가게 되어있다. 이에 퇴행성 허리통증이나 허리가 휘는 척추측만증, 허리디스크 등이 발생되며 이를 해결하기 위해 근육의 힘을 길러야만 한다. 특히 등을 곧게 세우고 평형감각을 단련하는 연습을 필요로 하며 몸을 지지하는 근육의 단련이 중요하다.

걸음걸이 체크리스트

- □ 신발이 바깥부분부터 마모된다.
- □ 걸을 때 앞으로 숙이고 걷는다.
- □ 구부정한 자세로 걷는다.
- □ 머리를 앞으로 숙이고 걷는다.
- □ 걸을 때 앞발부터 내딛는다.
- □ 안짱걸음으로 걷는다.

2 근육마사지

마사지와 스트레칭은 뭉친 근육을 이완시켜 근육이 제 기능을 할 수 있도록 도와준다. 하지만 마사지는 누군가의 도움이 필요하고, 전문적인 지식이 뒷받침 되어야 할 수 있다는 생각이 일반적이다. 때문에 스스로 마사지하는 셀프 마사지법을 습득함으로써 근육의 이완효과와 체형교정의 자기관리를 가능하게 할 수 있다. 그리고 체형 교정의 자기관리는 균형 잡힌 근육의 유지를 가능하게 하며 근육의 역할이 원활히 수행될 수 있도록 도와준다.

■ 뒷목과 어깨

뒷목이 뻐근하고 어깨가 결릴 때 주로 판상근과 승모근의 근육 마사지가 필요하다. 판상근은 고개를 뒤로 젖히면 뻐근한 느낌이 강할 때 마사지하는 주요 부위이다. 판상근은 머리와 어깨를 연결하는 근육으로 컴퓨터 작업을 오래할 경우에 주로 근육통증이 발생한다. 마사지 방법으로는 먼저, 바닥에 누워 나무밀대를 목 뒤쪽으로 넣는다. 이 때, 나무밀대가 너무 작으면 자극이 되지 않아 6~7cm정도의 둘레가 적절하다. 이후 머리 무게를 실어 압을 가하면서 좌우로 목을 도리도리 하듯 움직여 풀어준다. 경추의 마디마디에 자극을 가해주는 셀프마사지라 할 수 있다.

승모근은 목 뒤부터 어깨와 등을 덮고 있는 근육으로 어깨가 묵직하고 뻐근할 때 주로 하는 마사지 부위이다. 먼저, 바닥에 누워 어깨 가장 두꺼운 부분(견갑골)에 나무밀대를 넣는다. 엉덩이는 들어 어깨 쪽으로 체중을 실어 압을 가한다. 양 팔을 벌려 바닥을 지지하고 나무밀대로 상하 왔다 갔다 마사지를 한다.

능형근은 어깨와 견갑골의 균형을 잡아 어깨가 앞으로 말리는(라운드 숄더) 것을 방지해주는 근육이다. 주로 어깨를 돌릴 때 우두둑 소리가 나는 경우 마사지를 한다. 능형근의 마사지 역시 승모근 마사지와 같이 나무밀대에 압을 가해 상·하로 움직여준다.

■ 등과 허리

허리를 앞으로 숙일 때, 혹은 곧게 펼 때, 뒤로 젖힐 때 움직이는 근육인 요방형근에 요통이 있을 때 주로 마사지를 병행한다. 바닥에 누워 허리에 나무밀대를 넣는다. 양 무릎을 세우고 허리에 압을 가하면서 상하 방향으로 왔다갔다 마사지를 한다.

척추를 잡아주는 근육인 척추기립근의 근육마사지는 먼저, 바닥에 누운 상태에서 나무밀대를 척추 쪽에 세로 방향으로 넣는다. 좌우로 움직이며 척추의 마디마디마다 마사지를 할 수 있다.

■ 다리저림과 부종

다리저림과 부종은 비복근, 슬와근, 비골근내전근과 관련이 있는데, 비복근은 바닥을 딛고 서 있을 때 체중을 지탱하는 역할을 한다. 이 근육을 마사지하기 위해서는 앉은 자세에서 바닥에 손을 짚고 지지한다. 종아리 아랫부분에 나무밀대를 넣은 뒤 압을 가하며 위아래로 움직여 마사지한다.

슬와근은 무릎을 굽히거나 필 때 움직이는 근육으로 슬와근 마사지는 바닥에 다리를 펴고 앉아 나무밀대를 무릎 뒤에 넣는다. 압을 가하며 앞뒤로 왔다갔다 마사지한다.

비골근은 발목의 균형을 유지시키기 위한 근육으로 바닥에 앉은 자세에서 바깥쪽 무릎 아래에 나무밀대를 넣는다. 이후 반대쪽 손으로 살짝 누르며 나무밀대를 위아래로 움직여 마사지한다.

내전근은 다리를 모아주고 다리라인을 예쁘게 만드는 역할을 하며 바닥에 엎드린 자세에서 마사지를 한다. 엎드린 자세에서 다리 안쪽에 나무밀대를 넣고 나무밀대에 체중을 실으며 밀어내듯 마사지한다.

∷ 뷰티케어

뷰티산업은 넓은 의미로서 디자인, 감동, 체험, 소비의 모든 범주를 포함한다. 현대 사회는 아름다움의 뷰티문화와 건강한 아름다움을 지향하는 웰빙 문화, 헬스케어의 패러다임이 중요시되면서 뷰티의 영역은 미모(美貌), 미관(美觀), 미담(美談), 미품(美品)의 네 가지 영역으로 세분화되었다.

미모(美貌)는 외적인 모습에서 에스테틱과 미용성형, 뷰티케어를 통해 아름다운 몸 만들기를 위해 행동하는 몸의 실천을 말한다. 미관(美觀)은 장식적 개념에서 액세서리나 패션, 뷰티디자인을 활용한 외모꾸미기의 의미를 지닌 행위를 말하며 미품(美品)은 아름다움을 인식하는 미의식으로 순수미술이나 공예, 도예, 공연 등의 아름다움을 보고 느끼는 인간의 내적 마음을 의미한다. 마지막으로 미담(美談)은 아름다움을 풀어내는 스토리텔링이나 시각적 광고, 마케팅을 의미한다.

[그림 6-1] 미얀마 카렌족

[그림 6-2] 에티오피아 무르시족

1 헤어

헤어는 얼굴에서 가장 넓은 면적을 차지하는 머리 모양을 말한다. 헤어스타일의 변화는 얼굴의 인상을 결정할 수 있으며 헤어스타일을 변화하여 연출하고자 하는 얼굴이미지로 외모를 변화시킬 수 있어 외모 컨트롤이 가능하다. 헤어스타일은 미모가 아닌 미관의 관점에서 아름다운 분위기를 만들어낸다.

헤어는 사람들의 기억에 각인되는 역할을 한다. 먼 거리에서도 헤어는 아름다운 분위기를 연출할 수 있고 전체적인 사람의 이미지 형성에 효과적인 요소가 될 수 있다. 이러한 헤어스타일은 크게 세 가지 요인으로 이루어져 있는데, 세 요인 중 하나의 요인이라도 변화될 경우에는 시각적인 분위기나 느낌이 바뀔 수 있어 이를 고려한 헤어스타일의 연출이 필요하다. 헤어스타일은 스스로 머리를 꾸미는 방법인 '스타일링', 헤어숍에 방문하거나 헤어스타일리스트와 같은 전문가에게 요구하게 되는 스타일의 색과 모양새인 '헤어디자인', 그리고 홈 케어(home-care)와 같이 스스로 두피모발건강을 관리하는 '헤어 케어'의 요인으로 구성되어 있다.

헤어스타일링은 외모와 밀접한 관련이 있으며 개인의 인상결정에 가장 큰 역할을 하는 부분이다. 헤어디자인은 개인의 내적 심리가 반영되어 표현될 수 있는 부분이며 머리 모양은 어울리기만 하면 되는 것이 아님을 보여주는 부분이며 어울리는 헤어스타일을 찾는 대신, 되고 싶은 헤어스타일을 찾는 것이 오늘날의 미관에 의한 실천결과라 할 수 있다. 헤어는 사람에게 어울리도록 하는 방법을 얼마든지 찾아낼 수 있다. 때문에 현대사회 사람들은 헤어스타일을 결정할 때 자신이 어떤 사람이 되고 싶은지, 어떤 사람으로 보이고 싶은지를 명확히 하여 스스로가 되고 싶은 자신을 헤어스타일로 표현하고 있으며 이러한 행동의 변화는 자신 스스로를 사랑할 수 있는 하나의 방법이 된다. 그리고 이러한 헤어의 요인이 실현될 때 헤어케어의 의미로서 사람들의 가치관이 단순한 미의 추구를 넘어 자기만족과 자아실현이라는 내적 건강의 헬스케어가 가능함을 알 수 있다.

뷰티와 헬스케어의 융합은 헤어영역에 있어서 헤어 케어의 관심과 중요성을 증대시키고 있다. 헤어 케어는 장기간의 시간과 노력을 필요로 하지만 아름다움의 근본이 되는 건강의 기본 틀이라 할 수 있으며 오늘날 헤어 케어를 위한 두피모발관리 시장은 두피모발 화장품, 두피모발 관리기기, 약물 치료 및 의학 시술까지도 그 범위가 계속해서 확대되고 있다. 이는 곧 우리가 추구하는 아름다움의 의미가 협의적 의미로서의 미인(美人)의 모습에서 나아가 광의적 의미에서의 건강한 아름다움으로 변모된 결과이다.

■ 헤어와 외모컨트롤

헤어를 통해 외모컨트롤이 가능함에 긍정적인 이유를 알아본다.

첫째, 헤어는 상대에게 어떤 특정 인상을 남기거나 분위기를 각인시키는 중요한 역할을 한다. 헤어를 통한 외모컨트롤의 장점은 무엇보다 헤어의 변형이 칼을 대지 않고도 마음대로 자르고 심지어 재생 역시 가능하다는 것이다.

둘째, 서양은 아름다운 얼굴을 100점이라 할 때, 절반은 피부에서 찾고 나머지 아름다움의 반은 헤어에서 찾는다. 헤어는 보는 각도에 따라 다른 분위기를 연출할 수 있으며 근거리뿐만 아니라 원거리에서도 아름다움을 표현할 수 있기에 사람을 기억함에도 좋은 도구가 될 수 있다.

셋째, 헤어는 얼굴과 함께 있어 얼굴을 매개로 신체이미지를 표현하는 중요한 역할을 한다. 때문에 헤어를 변형함으로써 외모를 컨트롤할 수 있는데, 헤어의 형태나 색채, 질감표현을 변화시켜 헤어스타일을 연출함으로서 원하는 몸 이미지를 연출할 수 있다. 마치 메이크업의 섀딩 효과를 통해 슬림(slim)한 몸을 표현하는 것처럼 헤어스타일링에 있어서도 가능하다. 헤어스타일링을 통해 얼굴 그림자를 만들어 낼 수 있으며 달걀형 얼굴을 연출할 수 있어 보는 이들에게 날씬하게 보이는 효과를 준다. 광대뼈를 헤어스타일로 가리는 방법도 섀딩 효과의 대표적인 예시이다. 광대뼈에서 귀까지의 거리를 머리카락으로 가릴 때, 얼굴이 길고 갸름하게 보이며 앞머리를 자를 때는 옆머리를 남겨 길게 연출하면 날씬해 보이는 효과가 있다.

■ 헤어 케어

남성의 나이가 얼굴에 나타난다면 여성의 나이는 머리에 나타난다는 말이 있다. 여성의 머리카락은 35세를 기준으로 급격하게 노화가 진행된다. 때문에 35세 이후로 여성에게 미의 기준이 머리가 될 수도 있다. 젊고 건강한 헤어의 상태는 볼륨이 있고, 윤기가 있으며 흰 머리가 눈에 띠지 않은 상태로 헤어를 젊고 건강하게 유지하기 위해서는 두피 케어에 특히 중점을 두어야 한다.

두피의 노화는 모발의 성장을 후퇴시키고 모발의 생리작용을 방해하기 때문에 윤기가 없어지고, 머리카락이 쉽게 꼬불꼬불해지거나 얇아지는 경우, 타원형이나 원형의 탈모현상이 일어나는 경우, 헤어라인 주변을 중심으로 흰 머리나 곱슬머리가 자라나도록 유도한다. 두피 역시 피부와 같은 부분이기 때문에 두피의 관리 역시 필요하다. 효과적인 두피관리의 예시로써 헤드 스파를 말할 수 있는데, 헤드 스파(spa)는 단순한 두피이완 시술이 아닌 두피의 오염물 제거와 피부 당김 개선효과에 좋은 시술로써 올바른 샴푸관리와 함께 제안되고 있다. 특히 샴푸는 두피를 씻는 것으로 전문가 상담을 통한 성분 고려의 좋은 성분 샴푸가 효과적이며 트리트먼트는 모발을 케어하는 것으로 두피에 바르지 않고 헤어 중간부터 끝까지 도포 후 빗질하여 관리해야 한다.

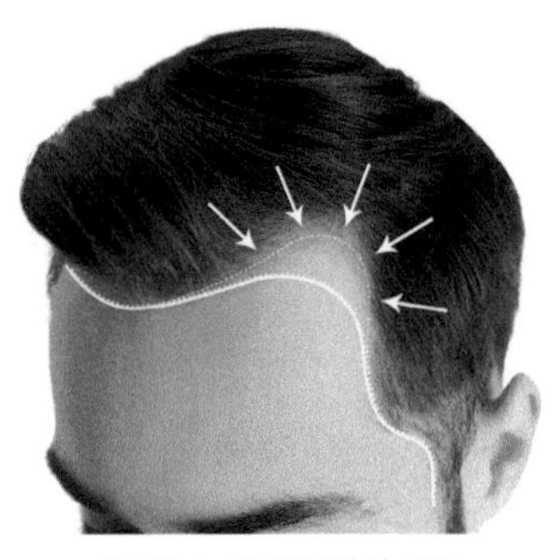

[그림 6-3] 헤어라인 탈모

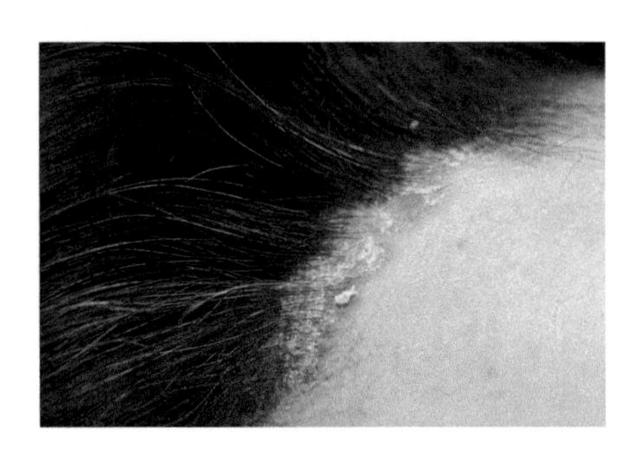

[그림 6-4] 건선두피

2 화장술

화장술은 화장품을 활용하여 외모를 아름답게 꾸미는 메이크업(Make-up)을 의미한다. 하지만 본문에서 다루는 화장술의 의미는 화장품을 바르고 문질러 외모를 아름답게 표현하는 일반적인 메이크업의 개념에서 나아가 의료기술과의 융합을 통해 메이크업 효과를 반영구적으로 지속하게 하는 반영구 화장술이나 오브제 장식표현의 하나로서 보디 액세서리 역할을 하고 있는 보디 피어싱의 범위 등을 모두 포함한다.

■ 반영구 화장술

반영구 화장술은 퍼머넌트 메이크업, 세미 퍼머넌트 메이크업, 미세색소침착술 등의 이름으로 사용되고 있다. 메이크업에 새로운 기법으로 정의도기도 하며 지속력이 매우 강해 오랫동안 아름다움을 유지할 수 있으며 아름다운 인상의 변화를 가능하게 한다.

반영구 화장의 기능으로는 먼저, 사람의 인상을 아름답게 바꿀 수 있다는 것이다. 예를 들어 눈썹(eyebrow)은 부드러운 이미지로의 전환에 효과적인 반영구 화장 시술부위이며 탈모로 인한 이마의 헤어라인 부분의 교정 역시 반영구 화장이 활용되기도 한다. 둘째, 지속성이다. 눈썹, 아이라인, 입술라인 등 시간이나 기분에 따라 매일 결과물이 같을 수 없는 것이 메이크업의 단점이 될 수 있으나 반영구 화장은 매일 균일한 화장결과를 유지할 수 있다. 셋째는 편리성이다. 매일 화장품을 바르지 않아도 오랫동안 지워지지 않고 선명한 화장 상태를 유지할 수 있어 일상생활에서의 편리함을 경험할 수 있다. 넷째, 수술이나 사고에 의한 자국, 신체 흉터 등 결점을 보완하여 자연스럽고 아름다운 외모를 유지할 수 있다는 점이다. 다섯째, 여성과 마찬가지로 남성에게 역시 깨끗하고 긍정적인 외적 이미지를 유지할 수 있어 긍정적인 이미지와 느낌을 상대에게 인지시켜 줄 수 있다는 점이 반영구 화장의 기능이라 할 수 있다.

■ 보디 피어싱

보디 피어싱은 피어싱이라 하는 장신구를 몸의 일정 부위에 뚫어서 장식하는 것으로 본래 고대잉카문명이나 아즈텍, 마야 등 원시사회로부터 시작되었다. 상흔이나 문신과 같이 피부색이 짙은 아프리카 원주민들에게 이는 주술적이고 장식적인 의미로 행해졌던 행위였고 1960년대에는 히피문화로 전개되어 미국과 영국의 하류문화에서 부정적인 일탈의 매개로 사용되었다. 이후 20세기에 이르러서 패션의 한 부분으로 인정받기 시작했으며 테크노 문화 열풍에 힘입어 액세서리의 일종으로 대중적인 관심을 받기 시작했다. 피어싱은 고리 형태의 링, 구슬, 스테인리스, 백금 등 가볍고 부드러운 소재를 주로 사용하며 장식적인 재료로써 보석이 사용되기도 하고 두께는 매우 다양하다. 이러한 피어싱은 눈썹, 코, 혀, 입술, 귀, 턱, 유두, 배꼽, 성기 등 얼굴을 비롯해 몸 전체에 전반적으로 사용되고 있으며 신체 부분에 따라서 사용되는 피어싱의 형태가 달라질 수 있다. 눈썹에 장식하는 피어싱은 링 형태의 작은 고리가 주로 사용되며 입술은 링과 핀이 사용되는데 특히 핀 형태의 피어싱은 매력점이 있는 효과를 준다. 코는 링, 핀, 체인 형태를 주로 사용하며 체인 형태는 귀와 연결하여 사용하기도 한다. 귀에 사용하는 피어싱은 가장 일반적인 피어싱으로 링, 핀, 꼬인 형 등 다양한 형태가 활용되고 한 번에 여러 개를 뚫어 장식할 수 있다. 혀는 배꼽, 유두 등 성적인 느낌을 강조시키며 시술 후 3~4개월의 회복시간을 필요로 한다. 보디 피어싱의 경우 일반적으로 자아표출이나 심미적인 감각의 표현을 통한 욕구충족을 위해 시도하는 경우가 많다. 이 외에 시대와 사회를 대변하는 미의 표현수단이자 인체 퍼포먼스의 하나로 활용되기도 한다.

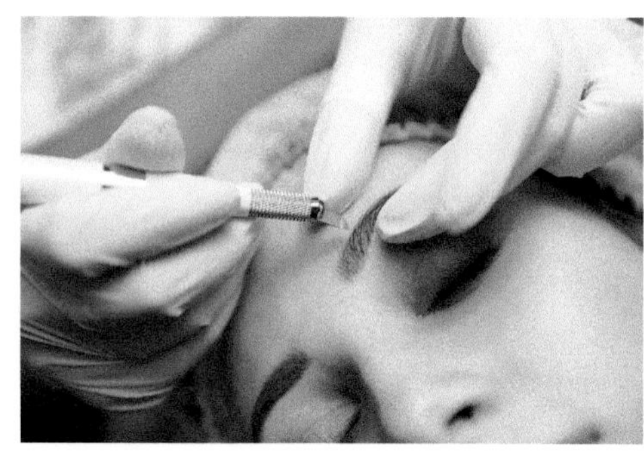

[그림 6-5] 반영구 화장술

[그림 6-6] 보디 피어싱

■ 타투

타투는 장식을 통해 자신의 정체성을 몸으로 표현하고자 하는 의미가 강한 뷰티행동이다. 피부에 상처를 내어 염료를 붓고 무엇을 새긴다는 것은 문신과 유사하다고 할 수 있다. 비록 바늘로 피부를 찌르는 고통이 수반되지만 문양을 몸에 새김으로서 아름다움의 표현과 개인에게 의미를 주는 미적 수단이자 욕구표현의 매개로 오늘날 많은 사람들이 타투를 즐기고 있다.

타투는 원시시대에서 시작되어 현대까지 몸의 장식을 위해 사용됨과 동시에 미학적 의미로 활용되어 왔으며 특히 MZ세대라 불리는 젊은 연령대 중심의 소비문화를 형성하고 있다. 타투는 화장술의 보디 피어싱과 같이 본래 하위문화에 대표적인 장식도구였으나 오늘날 미디어의 확산과 연예인들에 의한 문화적 파급력에 따라 주류문화의 중산층의 접근이 빈번해지면서 대중문화로까지 자리 잡게 되었다.

타투의 도입은 20세기 중반 이후에 스트리트 패션 스타일이 나타나면서 성장하였다. 또한 패션의 또 다른 장식품으로 가치관 반영과 상징적 의미를 담은 치장의 도구가 되었다. 이러한 타투는 몸과 관련하여 다양한 기능을 가지고 있는데 먼저, 몸의 매체를 통해 자기 자신을 표현하는 기능이다. 타투는 자기정체성에 중점을 두고 있어 인간의 내적 욕구와 이성을 몸으로써 드러내는 예술적 표현으로 인정하고 있으며 자아의 내면 감정을 나타내는 적극적인 방식의 하나로, 혹은 상대에게 자신의 이미지를 느낄 수 있게 해주는 상징적인 소통의 수단으로의 역할을 하고 있다.

둘째, 타투는 미적표현의 기능을 하고 있다. 인간은 본능적으로 아름답게 꾸미고자 하는 장식적 욕구를 가지고 있으며 이는 아픔을 참아가며 몸에 타투를 하는 것으로 나타난다. 타투는 개인의 미적 욕구를 충족시키고 신체적 결함을 보완할 수 있는 수단으로 사용될 수 있으며 미학적으로도 그 유용성이 매우 크다는 장점이 있다. 특히 타투에 사용되는 색의 경우 미적 가치와 자신의 내면, 이미지를 구체적으로 상징화할 수 있는 도구가 될 수 있으며 더불어 예술적인 표현도 가능하게 한다. 셋째. 자기이미지 평가의 기능을 한다. 자신이 스스로를 부정적으로 인식하고 거부할 때, 타투를 함으로써 타투를 새기는 몸의 일부를 수용하고 긍정적 방향으로의 변화가 가능하다. 이는 타투를 통해서 자신의 몸과 마음을 받아들일 수 있게 되는 것으로 자신의 정체성, 자존감, 정신적 부분의 치유를 가능하게 함을 보여준다.

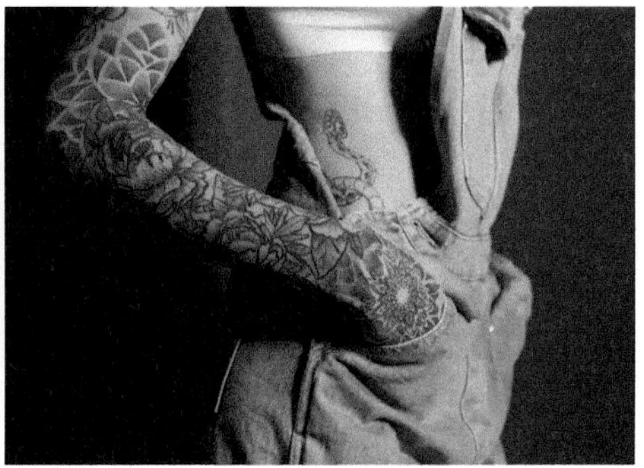

[그림 6-7] 타투

3 미용성형

미용성형(Esthetic surgery)의 사전적 의미는 미용을 목적으로 얼굴이나 체형을 수술하는 것을 의미한다. 미용성형은 아름다운 외모를 가꾸기 위해 실시하는 의료적인 처치이며 눈에 대한 쌍꺼풀, 코를 높이는 시술, 가슴을 풍만하게 보이는 수술이나 몸의 지방을 제거하는 수술 등 성형외과에서 행해지는 몸 변형 수술을 의미한다. 이는 인체조직의 결손이나 이상이 없고 아름다운 몸을 만들어준다는 점에 의의가 있다.

그런데, 미용성형의 목적은 무엇일까? 미용성형의 목적으로는 대부분 사회적 관점에서의 자아이미지와 사회적인 인상을 관리하기 위한 목적으로 미용성형을 행하며 자신의 신체가 부적절하다고 생각하는 사람들은 미용성형을 고려한다. 우리 사회에서 성형은 사치, 허영, 경제적인 부의 척도나 직업상 필요에 의해 불가피하게 행해졌었으나 오늘날에는 자기만족이나 이미지의 개선, 상승효과를 위해서, 또는 결혼, 취업 등 다양한 목적으로 행해지고 있으며 이처럼 성형에 대한 대중적인 인식이 긍정적으로 개선되었다.

■ 미용성형의 흐름

우리나라에서 아름다운 몸을 위해 성형을 하는 행위는 1965년을 기점으로 시작되었다. 당시에는 6.25의 고통과 가난 등 시대적 결핍에 의해 전문적인 의료진이 아닌 비전문의로부터 음성적인 의료행위로 성형이 시작되어 왔다. 이로 인해 성형은 혼돈기를 거치게 되었으며 1966년 5월 15일에 이르러서 성형이라는 것이 성형외과란 분야로 인정을 받기 시작했다. 성형은 1975년을 기점으로 전문의 자격고시를 시행하면서 본격적인 성형외과 전문의가 배출되기 시작했고 1985년 5월이 되어 본격적으로 성형외과 전문의가 중심으로 성형의 성장이 일어나기 시작한다. 이후에는 영상매체와 정보산업의 성장에 힘입어 성형분야가 매우 크게 성장하기 시작했으며 눈과 코 중심이었던 성형수술이 주름, 유방, 지방흡입 등으로 신체 전 영역의 성형 범위 확장으로 나타났다. 오늘날에는 많은 수요와 발전하는 수술기법을 도입해 아름다움을 위한 성형 환경이 지속적으로 행해지고 있으며 2000년대 후반을 기점으로 성형의 대형화와 국제경쟁력을 갖추기 시작했다.

∷ 의복형식

의복의 형식에는 의복이 가지고 있는 실루엣(형태), 재질, 무늬, 색채 등의 형식이 일차적으로 고려되어진다. 그러나 인체의 물리적 부위의 노출과 은폐와의 관계에서 의복의 형식을 볼 때 허리를 강조한 것으로 대개 실루엣이 가장 적합한 기준이 된다. 분류된 기준은 A형, H형, X형에 O형을 넣기도 한다.

의복의 형식미의 기본은 인체의 자세에 있다. 최초로 인체의 자세에 관심을 가져 구석기 크로마뇽인 인류는 이를 조형으로 재현하기 위해, 점토, 석골, 상아, 등으로 비너스상이라는 작은 여성상을 만들었다. 이후 사람들은 인체 위에 복식의 미를 추구해서 복식의 역사를 계속해서 이어 나가고 있다. 미술사에 나타난 양식의 변천을 살펴보면 시대에 따른 복식의 형태미도 감상할 수 있다. 고대 그리스, 로마의 아름다운 드레이퍼리 의상, 중세 고딕의 첨두적 건축물과 유사한 형태의 의상, 근세 르네상스의 과장적 의상, 바로크의 동적이고, 과다한 장식인 회화적 모습, 로코코의 섬세하고, 우아하며, 경쾌한 기조의 좌우 비대칭, 형태 과장의 복식을 볼 수 있다. 근세에서 근대로 넘어가면서 엠파이어 스타일의 체형이 나타나는 꼭 끼는 의상, 직선적, 귀족적 형태의 부활, 최대로 넓어진 복장인 크리놀린, 엉덩이로 중심 포인트가 이동한 버슬 등 형태의 변화를 이룬다. 현대에 와서는 복식의 능동화, 기능화에 이르러 복식미에 대한 끊임없는 인간의 욕구가 살아 움직임을 알 수 있다.

1 의복형식의 결정

의복을 통하여 신체적 만족을 추구하는 것은 의복의 물리적 기능의 향상을 통하여, 심리적으로 만족을 추구하는 것은 지위 표현 기능의 향상을 통하여, 그리고 신체 장식을 추구하는 것은 의복의 장식적 기능의 향상을 통하여 충족될 수 있다. 이와 같이 의복에서 인간의 추구를 통해 의복의 형태에 영향을 미친다.

레버(Laver)는 의복의 형식 결정에 작용하는 원리로는 계급의 원리, 실용성의 원리 그리고 미의 원리를 들었다. 이러한 힘은 시대와 민족을 뛰어넘어 작용하였기 때문에 시대. 민족 사이의 의복의 공통성을 가져오는데 원인이 되었다고 설명하였다.

■ 의복의 미 美

의복의 미(美)는 착용자의 아름다움을 최대한 표현하도록 의복의 형태가 결정된다. 대부분 동물은 이성을 유혹하기 위해 아름다운 신체 부분들을 가지고 있으며 수컷이 암컷보다 더 많은 부분을 갖고 있는 것이 공통적인 현상이다. 그러나 인간은 남성보다 여성이 더 화려하고 장식적으로 동물보다는 의도적으로 꾸며진 외모를 추구하였는데, 이는 인간만이 갖는 사회심리적 영역에서 그 이유를 찾아볼 수 있다.

인간의 외모는 이성의 요구에 맞추어 결정되며, 특히 남성이 외모의 아름다움에 따라 여성을 선택하기 때문에 레버(Lever)는 미의 원리가 여성의 복식에 더욱 적용된다고 하였다. 따라서 여성의 복식은 최고의 가치를 착용자가 아름답게 보이게 하는 형태에 초점을 두고 결정되었다. 여성에 대한 남성의 평가가 외적 아름다움 이외의 다른 특성에 의하여 영향을 미칠수록 여성 복식의 장식성은 줄어들었고, 이러한 설명은 현대 여성 복식이 과거에 비교하여 덜 장식적인 것에서도 알 수 있다.

■ 의복과 계급

의복은 착용자의 사회적, 경제적 지위를 상징적으로 나타나도록 형태가 결정되었다. 남성이 여성의 외모에 따른 결정을 함으로써 여성 의복에 미의 원리가 적용된다면, 여성은 남성을 계급에 따라 선택하기 때문에 남성 의복에 계급의 원리가 적용된다고 할 수 있다. 여성은 봉건사회에서는 토지를, 현대사회에서는 경제력에 따라 남성을 선택할 것이다. 따라서 여성은 남성을 사회적 지위와 경제적 능력에 따라 선택하게 되었고, 남성 의복에서는 이러한 상징적 표현이 중심이 되었다.

계급의 원리에 따라서 형성된 의복의 형태는 아름다움보다는 능력, 지위, 신분, 신뢰감 등이 추구되었다. 현대 남성 정장이 대표적인 의복 형태의 예로, 정장이 신분 상징성을 표현함으로써 착용되고 있다.

■ 의복과 실용성

의복에서 실용성이 형태 결정에 미친 영향은 역사적으로 매우 적다. 도련의 둘레가 약 9m에 달하는 크리놀린의 형태나 17인치까지 조여진 허리 등은 실용성의 원리로는 설명할 수 없는 형태가 역사적으로 자주 착용되었다. 실용성 원리는 운동복, 방한복 등과 같이 물리적 기능이 중요시되는 스포츠 등과 같은 의복이나 극한 기후 환경에서 착용되는 의복에서 제한적으로 영향을 미쳐서 변화 발전해왔다.

2 의복형식의 종류

인류 문명이 발달함에 따라 지역의 환경에 따라 여러 종류의 의복 형식이 나타나고 있는데, 인체위에 걸쳐지는 부분은 인체의 중심인 허리 부위와 머리, 어깨, 굴곡진 부위 등 전반적인 부분이다. 이와 같은 신체적 조건 위에 흘러내리지 않게 입었으며 그밖에 기후적. 사회적 환경에 따라 다음과 같은 의복의 유형으로 분류된다.

■ 요의형 腰衣型, loin cloth

요의형은 원칙적으로 허리둘레에 두르는 것을 말한다. 몸의 다른 부분은 벌거벗은 상태이기 때문에 원주민의 의복으로 열대지역에 주로 이용되고 있다. 재료로는 동물 가죽과 모피, 식물의 끈과 대와 직물 등이 이용된다. 이런 의복의 형식은 주로 남미, 에콰도르, 멕시코 동부와 고대 이집트, 아프리카 등 대륙성 기후 지역에 분포된다. 허리에 둘러 입는 요의형의 초기 단계에서는 끈의 형태로 시작되는 요대형에서 점차 커져 허리를 전부 가리는 요의형이 되어 입기 편한 스커트형으로 발전하였다.

■ 권의형 卷衣型, drapery

권의형은 드레이퍼리(drapery)형이라고도 하며 재봉하지 않은 천을 허리. 어깨에 걸치거나 팔에 늘어뜨리는 형식으로 인체에 걸치는 것을 말한다. 감는 방법은 한 겹으로 감는 것에서부터 이중, 삼중 또는 그 이상으로 감는 형식 등이 있다. 크게 나누어 보면, 하반신만 감는 스커트형, 양다리 사이를 통과해 좌우 따로 감는 바지형, 하반신과 상반신을 모두 감싸는 코트형과 드레스형이 있다. 기후 지역별로 보면 열대. 아열대, 온대지방에 많이 분포하고 있다. 그리고 고대의 그리스, 로마 시대의 의상이 바로 권의형에 포함된다.

■ 관두의형 貫頭衣型, poncho

이 의복 형식은 머리를 통해 입는 옷을 총칭한다. 관두의형은 구멍을 통과해 머리와 어깨가 고정기구 구실을 하면서 천의 형태를 유지 시킨다. 이런 형태는 중남미의 고지를 중심으로 착용되어, 해가 비치면 덥고 해가 지면 급격히 추워지는 심한 일교차의 특성 때문에 관두의형이 착용되었다. 햇빛 가리개 혹은 먼지막이 쉽게 입고 벗을 수 있는 역할을 할 수 있는 형태이다. 관두의형은 짐승의 가죽이나 옷감의 중앙에 머리가 들어갈 만한 구멍을 뚫고 그 구멍으로 머리를 넣어 어깨에 걸쳐 입는 옷으로서 어깨에서 밑으로 내려뜨려 입는 옷이므로 수포형(垂布型)이라고도 한다. 남아메리카·북아메리카·중앙아메리카 지역에서 많이 입었으며 특히 멕시코의 판초가 현재까지도 입혀지고 있다. 이러한 관두의형은 더운 지방에서 주로 입으며, 몸통과 소매를 꿰매지 않은 것으로서 현재는 등산용품이나 비치웨어로도 사용되고 있다.

■ 통형 筒形, tunic

통형은 어깨와 몸통 옆을 꿰매 입어 전신이 통형의 형태를 이루는 옷으로서 관두의형의 발전적 단계라고 볼 수도 있다. 그러나 관두의형은 머리가 들어갈 구멍만 내는 것에 비하여 통형은 머리가 들어갈 구멍도 내고 몸통이 노출되지 않도록 옆을 꿰매 몸 위에 통을 씌운 것 같이 소매는 달거나, 달지 않기도 했다. 이러한 통형은 흑해연안 지역의 페르시아인과 힛타이트인, 스키타이족 등 기마 민족들이 주로 입었다. 이 통형의 옷은 중앙아시아와 몽고지역 뿐만 아니라 유럽의 여러 지역의 기본적인 옷의 형태이다.

■ 전개형 前開形, caftan

전개형은 앞이 나누어져 대를 이용하여 앞을 여미는 스타일의 총칭이다. 터키, 중앙아시아에서 착용하는 의복 형식이 전개형의 대표적인 예이다. 또한 우리나라, 중국의 심의, 일본의 기모노가 여기에 속한다. 이처럼 전개형의 의복은 아시아 지역에 많이 분포되어 있기 때문에 아시아적 의복 형태라고 볼 수 있다. 유럽의 코트나 자켓은 여자들 경우에는 좌임이고, 남자들은 우임이다. 전개형은 입고 벗기에 편하고, 활동이 용이하여 실용적으로 동서양의 가장 넓은 지역에서 입혀왔다. 현재에도 동서양의 주요 의복으로 여전히 그 자리를 지키고 있다.

■ 테일러드형 체형형: 體形型

체형형은 인체의 형에 맞게 몸을 감싸는 몸판의 팔에는 소매, 다리에는 스커트와 바지를 입는 형태이고, 상의와 하의의 조합인 투피스, 상의와 하의가 연결된 원피스 형태도 포함된다. 인체를 감싸는 스타일로 방한 및 노동에 적합하다. 유럽 대륙의 민속의상은 대체로 체형형이고, 바지도 체형형이라 볼 수 있다.

3 의복형식의 표현

의복 형식의 표현 특성은 신체 연장으로부터의 비율 파괴와 용도변경에 의한 새로운 디자인 등으로 제시 되어질 수 있다. 의복에 표현된 변형으로는 목, 어깨, 가슴, 허리, 엉덩이 등의 여러 가지 의복 형식의 표현 방법 중 과장을 통한 변형에서도 찾아볼 수 있다.

의복에 표현된 과장에 의한 변형의 특성을 살펴보면, 첫째, 조형적인 면에서 부분적 확대는 일정한 부위의 강조로 인해 시선이 집중되는 조형성을 말한다. 이것은 실용적인 면을 무시하고, 미적으로 재해석하려는 형태이다. 둘째, 실리적인 면에서의 의복의 표현은, 인체의 각 부분에 대한 심미적인 목적에 따라 어떠한 방법으로 어떻게 표현되는지에 개인의 미적 취향과 시대적인 미의식이 반영된다. 즉, 자기과시나 성적 매력의 강조, 아름다워지고자 하는 미적 욕구, 이미지의 변형 등 인간의 지속적인 욕구는 의복을 통해 나타냈다. 의복의 표현인 과장을 통해 인체의 강조부위를 부풀려서 기괴한 실루엣으로 표현함으로써 구조적이고 조형적인 특징을 새로운 형태로 나타낸다. 인간의 미의 기준에 따라 의복의 형태를 표현하거나 부풀림으로써 인체의 모양과는 다른 의복의 부분이나 전체를 강조하는 형태가 생기게 된 것이다. 과거에 표현된 과장에 의한 의복의 변형은 이상적인 인체 미를 위해서 어깨, 허리, 목, 엉덩이 등에 집중해서 조이거나 확대하는 것을 통해 이루어져 왔다. 그러나 현대 패션에서는 좀 더 조형적이고 독립적인 가치를 지니며 창의성이 바탕이 되는 독립적인 존재물로서의 가치를 지닌다. 즉 현대적 의미에서의 변형은 인체의 이미지를 살린 조형물로 인식되는 것이다.

과장된 형태는 인체를 통해 다양한 방법으로 나타나는데, 표현 방법으로는 강조, 왜곡, 분해, 확대를 통해 과장으로 나타났다.

첫째, 확대(廓大: Extension)를 통한 의복의 과장은 의도적으로 일부분의 크기를 크게 부풀리고, 다른 부분은 상대적으로 작게 줄이면서 실제보다 다른 한쪽을 크게 과장하는 방식이다.

[그림 6-8] 확대를 통한 의복의 과장

https://m.blog.naver.com/PostView.naver?isHttpsRedirect=true&blogId

둘째, 강조(强調: Emphasize)를 통한 과장은 대상이 갖는 구성 요소들을 크기의 변화와 생략의 과정을 통해 목적의 강조를 분명히 하는 방식을 의미한다.

[그림 6-9] 강조를 통한 과장

https://m.blog.naver.com/PostView.naver?isHttpsRedirect=true&blogId=hjufd97&logNo

셋째, 왜곡(歪曲: Distortion)을 통한 과장은 표상과 대상의 원형 간의 의도적 차이를 이용한 표현방식이다. 즉 정상적인 형태에서 사실적인 것을 과장함으로써 효과를 다르게 표현하는 것이다.

[그림 6-10] 왜곡을 통한 과장

https://m.blog.naver.com/PostView.naver?isHttpsRedirect=true&blogId

넷째, 분해(分解: Decomposition)를 통한 과장은 미적 효과를 높이고 대상의 본질을 명확히 하기 위해서 미의식을 통하여 여러 가지로 대상을 나누는 과정을 말한다. 과장성은 확대에서 분해에 이르기까지 여러 가지 표현 방법으로 과장의 모습이 나타날 수 있는데, 이러한 요인 중 부분 확대를 통해 효과적으로 과장을 표현하는 조형적인 형태가 주어지고 있다.

[그림 6-11] 분해를 통한 과장

https://m.blog.naver.com/PostView.naver?isHttpsRedirect=true&blogId

인체의 특정 부위를 강조하려는 의복의 과장된 형태는 미의식을 통해 의도된 형태로 새로운 효과의 추구를 목적으로 사실적인 것을 확대하기도 한다. 패션에서는 인체 부위에 숄더라인(Shoulder Line), 바스트라인(Bust Line), 네크라인(Neck Line), 힙라인(Hip Line)을 바탕으로 한 강조로 어깨, 가슴, 목, 엉덩이 등에 적극적인 확대와 과장의 조형 욕구가 다양하게 표현되었다. 이러한 과장적 조형성은 크게 3가지로 구분하면, 그것은 관능미와 복고미, 그리고 혼성미라고 할 수 있다. 관능미(官能美)는 바스트라인과 힙라인을 통해, 전통적인 양식을 현대적으로 재구성한 복고미(復古美)는 네크라인과 힙라인을 통해, 성이 혼재된 혼성미(混性美)는 숄더라인의 확대를 통해 나누어 볼 수 있다. 관능미(官能美)는 인위적인 실루엣을 만들기 위해 노출을 통해 인체를 재구성하고 여성 인체의 성적 특성을 나타낸다. 복고미(復古美)는 의복과 인체와의 이상적인 관계를 재정립하는데 과거의 친숙한 시각적 경험을 기초하여 시대에 어울리게 조정하고 시간의 격차를 이겨낸 새로운 양식으로 이야기될 수 있다. 시대에 따른 이러한 양식에 의해 특정한 미의식이 의복에 반영 되었다. 혼성미(混性美)는 남성적 힘의 과시뿐만 아니라 성적인 강조로서 과장된 의복에서 심리적 표현 요소를 내포하고 있고, 성의 양면성에 근거한 성의 구분이 아닌 인체의 통합적 이미지로서의 과장이라고 볼 수 있다. 이와 같이 인체를 통한 의복의 과장적 조형성은 다원주의 가치를 배경으로 형식을 탈피하고 좀 더 자유로운 인간의 욕구를 전통적인 미적 원리를 재구성함으로써 대신할 수 있을 것이다.

4 체형과 의복라인

의복의 실루엣은 느낌과 활동성에 따라 다르게 사용되며 체형에 따라 개인이 선호하는 의복라인이 나타난다.

슬림 라인(Slim line)은 '가는 선'을 의미하며 슬렌더 라인(slender line), 타이트 라인(Tite line)이라 불리는 호리호리하고 날씬한 의복라인이다. 대체로 세로선의 디자인을 활용하며 가늘게 늘인 실루엣이 몸을 날씬해 보이게 보완하는 효과가 있다. 스트레이트 라인(Straight line)은 '직선'형 의복으로 튜뷸러 라인(Tubular line), 실린더 라인(Cylinder line)이라 하는 원통형의 긴 실루엣으로 똑바른 직선형 재단이 특징인 의복라인이다. 롱 토르소 라인(Long torso line)의 토르소는 인체의 몸통을 의미하며 롱 토르소는 길고 밋밋한 몸통을 말한다. 보통 상의가 하의보다 긴 의복라인에서 나타난다. 힙(Hip)라인이나 그 이하 허리의 부분을 인위적으로 낮추어 몸통을 길어 보이도록 강조한 의복라인이다. 내추럴 라인(Natural line)은 여유로운 의복의 실루엣으로 체형과 자연스럽게 맞아 몸과 내추럴하게 연출되는 의복라인이다. 앰플 라인(Ample line)은 '여유가 있다'는 의미로 루즈(loose)한 실루엣이 특징이다. 내추럴 라인 보다는 더욱 여유롭게 넉넉한 실루엣이지만 헐렁한 느낌이 아닌 루스 피트, 오프 보디, 풀 라인의 실루엣이 포함된다. 프린세스 라인(Princess line)은 허리에 이음선이 없고 세로에 이음선이 있는 의복라인이다. 상체는 타이트하게 맞아 떨어지고 하체는 플레어스커트로 변화된 실루엣을 이룬다. 명칭은 영국의 에드워드 7세 왕후 알렉산드라가 황태자비였던 프린세스 시절에 착용한 스타일에서 유래된 것이다. 프린세스 라인은 허리를 가늘고 가슴과 엉덩이는 강조시켜 밑단을 넓게 디자인한 의복라인이다. 티 라인(T line)은 양 팔을 들어 올린 실루엣이 마치 T자형과 유사하다고 하여 붙여진 명칭이다. 트럼펫 라인(Trumpet line)은 트럼펫 악기를 형상화한 실루엣으로 힙 주위는 타이트하게 맞고 힙의 아랫부분은 플레어의 형태로 이루어진 의복라인으로 이브닝 드레스, 칵테일 드레스, 무대 의상에서 주로 사용되고 있다. 트라이앵귤러 라인(Triangular line)은 어깨 폭이 강조된 삼각형 실루엣으로 옷단으로 갈수록 점점 좁아지는 의복형식이다. 전체적으로는 역삼각형을 이루는 실루엣을 보인다. Y 라인(Y line)은 어깨 폭이 좌우로 강조된 실루엣으로 힙 아래는 슬림한 실루엣의 의복형식이다. 렉탱귤러 라인(Rectangular line)은 어깨 폭을 강조한 스트레이트형 실루엣이다. 주로 코트, 원피스에 많이 사용되는 의복형식으로 내려뜨릴 때 넉넉한 빅(big)라인이 된다. 아워글래스 라인(Hourglass line)은 모래시계 라인의 실루엣으로 허리선이 강조된 실루엣이며 X라인과 유사하다. 텐트 라인(Tent line)은 옷단을 향해서 퍼지는 실루엣으로 A라인과 유사하여 롱코트에 특히 많이 사용되고 있다. 배럴 라인(Barrel line)은 가운데가 불룩하게 형성된 풍성한 벌룬 라인(Ballon line)의 실루엣이다.

[그림 6-12] 슬림 라인

[그림 6-13] 스트레이트 라인

[그림 6-14] 롱 토르소 라인

[6-15] 내추럴 라인

[6-16] 앰플 라인

[6-17] 프린세스 라인

[6-18] 티 라인

[6-19] 트럼펫 라인

[6-20] 트라이앵귤러 라인

[6-21] Y 라인

[6-22] 렉탱귤러 라인

[6-23] 아워글래스 라인

[6-24] 텐트 라인

[6-25] 배럴 라인

CHAPTER

7

조형예술과 몸

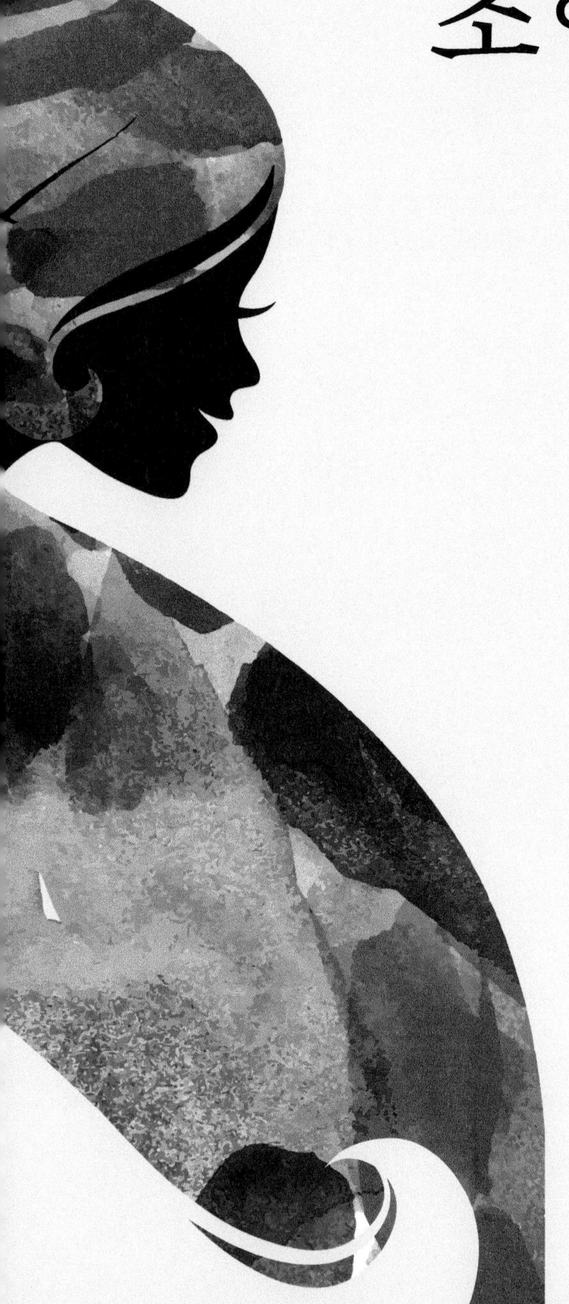

조각 | 회화 | 설치미술 | 시각예술 | 미디어예술

조형(造形, Plastic)은 예술의 형상화를 나타내는 대표적인 방법으로 물질재료를 활용하여 사물을 유형적·시각적으로 표현하는 행위이며 일반적으로 회화(Painting), 조각(Sculpture), 건축(Building), 공예(Craft) 등을 포함한다. 조형예술(造形藝術, Plastic Art)은 "시간적 예술에 대립하는 공간적 예술을 총괄하는 개념"으로써 회화, 조각 등을 통해 재현(再現)에 초점을 둔 물체인 조형적 형상예술과 건축, 공예 등을 통해 추상(抽象)적 공간을 다루는 관념 조형적 공간예술로 구분한다.

인간의 예술적 창작행위는 인류의 역사와 함께 국가와 민족 간 시대의 변화에 따라 구체적이고 체계적인 형태로 발전한다. 이러한 관점에서 조형의 형태적 변화도 시대의 흐름에 따라 각 시대의 아름다움과 사회적 분위기를 반영하고 있다. 특히, 아름다움을 표현하는 대표적인 수단으로써 미의 개념을 수(비례)의 개념과 일치시켜 활용되어온 '인체미(人體美)'는 각각의 시대가 추구하는 미적 이상향에 근접하고자 하는 인간의 본성을 담아 현대까지 차별적인 관점으로 이어지고 있다.

일찍이 그리스 문명에서는 인체미를 극대화하는 예술적 활동을 통해 신과 닮아가고자 하였으며 신과 인간의 동일시를 위한 수단으로 인체의 아름다움을 끊임없이 갈구하였다. 15~18세기의 예술 역사를 이끌어온 핵심 원동력은 '인간의 몸'을 상징하는 자연에 대한 '모방(模倣)'이었으며, 당시의 예술은 눈으로 보는 인간의 몸을 극단적인 사실주의를 적용하여 이상적인 아름다움을 추구하는 것에 집중하였다. 한편, 20세기 이후의 현대미술에서 바라보는 인체미는 고전적인 관점과는 큰 차이가 있다. 현대에서는 예술의 주요 소재가 되는 인체는 반드시 아름다움을 추구하는 단편적인 대상에만 국한되지는 않는다. 신을 닮기 위해 인체를 소재로 무한한 아름다움을 표현하고자 했던 인간의 사상을 바탕으로 하는 고전주의 예술가들은 현대미술을 퇴폐예술로 치부하는 경향이 일부 존재하지만, 인체를 바라보는 편향된 시각을 극복하고 다양성을 강조한다는 점에서 긍정적인 시각도 존재한다.

이렇듯 인간의 신체, 즉 몸은 미술의 역사에서 가장 중요한 재현의 대상으로 활용됨과 동시에 지속적으로 변화된 형태로 표현되며 시대의 사회·문화적 배경과 인간의 사상을 전달하는 매개체의 역할을 해왔다. 따라서 본 장에서는 인체를 소재로 한 5가지 유형(조각, 회화, 설치미술, 시각미술, 미디어예술)의 예술작품을 통해 그 속에 담긴 인체미의 차별적인 관점과 의미를 살펴보고자 한다.

∷ 조각

조각(彫刻, Sculpture)은 돌, 나무, 흙, 점토, 섬유, 종이, 금속 등 다양한 소재를 활용하여 자연물의 형상을 입체적으로 표현하는 예술작품을 의미한다. 세부적인 형태로써의 조각은 소재를 깎는 방식으로 조형해 나가는 '조각(彫刻)'과 소재를 추가로 붙여가는 방식으로 조형해 나가는 '소조(塑造)'로 구분할 수 있다. 이차원 화면이 아닌 삼차원 현실 공간에 작품을 재구성한다는 측면에서 시각적이고 감각적인 조형예술로 불리며 미술적 감상의 목적과 일상생활에 활용되는 공예적 차원에서의 실용적 목적을 겸하고 있으므로 인류 문화의 시작점인 구석기 시대에서부터 현재까지 오랜 시간 동안 발전하며 그 역사를 이어오고 있다.

1 신, 그리고 죽은 자를 향한 숭배의 표현

고대 이집트의 언어에는 '예술(Art)'을 뜻하는 단어가 존재하지 않는다. 그 당시의 이집트에서 예술이 지니는 의미는 현대미술과 같이 예술 그 자체를 중시하는 것이 아닌 신과 파라오를 섬기기 위한 수단에 불과하였다. 이 때문에 고대 이집트의 예술에 대한 주제와 접근은 순수 미술로서의 접근보다는 신과 파라오를 소재로 한 종교적 관점의 미술에 국한된다. 따라서 이집트의 조형예술은 엄숙하고 장엄한 느낌을 주며 신이 정한 법칙에 따른 엄격하고 일정한 형식을 준수해야 하는 '실효성'을 강조하는 한편, 제작자의 개인적 감정과 느낌, 기교 등을 묘사하거나 이름을 표시하는 등의 행위는 찾아보기 어렵다.

이집트 조형예술이 나타내는 독특한 특성은 작품에서 두드러지게 표현된다. 이집트인들은 조형작품에서 인체미를 형상화할 때 팔과 다리, 머리는 옆을 바라보게 하여 측면에서 잘 해석되게 하고, 몸과 어깨, 눈은 정면을 향하는 자세로 묘사하여 평면에서 잘 해석되는 특징을 나타내고 있다. 「헤지레의 초상(기원전 2,778~2,723년경)」이 이러한 '정면성'으로 불리는 특징을 살펴볼 수 있는 초기의 대표작이라고 할 수 있다. '정면성'을 강조하는 이집트 조형예술의 원리는 인체의 자연스러운 형태를 묘사하는 것이 아닌 인체에서 가장 부각 되는 부분을 선택적으로 묘사하여 통합하였다는 것에 의미가 있는데, 이는 살아있는 자가 아닌 죽은 자를 경배하고 영원과 불멸을 추구하는 이집트인들의 종교적 신념과 사상과 밀접한 관련성을 지니고 있다. 이집트인들은 사람에게는 인격을 나타내는 영(Soul)을 의미하는 '바(Ba)'와 생명력을 나타내는 혼(Spirit)을 의미하는 '카(Ka)'가 존재한다고 믿었으며 특히, 사람이 죽으면 육체가 소멸되어 그 본질에 해당하는 '카(Ka)'가 머무를 수 있는 공간이 사라진다고 여겼다. 이러한 이유로 죽은 사람의 신체를 명확하게 묘사하는 측면에서의 예술활동을 통해 '카(Ka)'가 사후세계에서도 육신을 찾을 수 있도록 하는 것에서 이러한 묘사적 특징이 비롯되었다고 할 수 있다. 이집트에서는 조각가를 지칭하는 단어는 "계속 살아있도록 하게 하는 사람"이라는 의미를 내포하고 있으며, 이는 곧 이집트인들의 조형예술로 표현되는 인체가 생전의 업적을 영원히 기념하고 그 혼이 영원히 살아있도록 하게 하는 '영원성'을 의미한다.

한편, 「헤지레의 초상」을 비례도로 표현한 그림에서 확인할 수 있듯이 이집트인들은 가로와 세로가 동일한 크기의 칸을 만들어 인체의 발은 가로로 3칸, 어깨는 가로로 4칸, 인체의 전체 길이는 16~20칸 등의 일정한 비율에 따라 묘사될 수 있도

[그림 7-1] 헤지레의 초상, BC 2778-2723. 카이로 이집트 박물관

https://m.blog.naver.com/PostView.naver

록 하는 '완전성'과 '규칙성'을 특징으로 하고 있다. 이집트인이 조형예술에 담은 이러한 비율의 개념은 이집트가 알렉산드로스 대왕의 치하에 놓이기 전까지 약 3,000년 간 변함없이 유지되어져 왔다.

2 보이는 것이 아니라 알고 있는 것을 표현

이집트 조형예술에서는 제작자가 보고 있는 것이 아닌, 알고 있는 것을 작품에 묘사하였다는 점에서 또 하나의 특징을 지니고 있다. 초기 이집트 문명의 예술성을 보여주는 가장 중요한 유물로 손꼽히는 「나르메르 팔레트(Narmer Palette)」이다.

나르메르(Narmer)는 "공격하는 메기"라는 뜻을 지니고 있으며, 기원전 3,000년경 상 이집트와 하 이집트를 최초로 통일한 메네스(Menes)와 동일한 인물로 추정된다. 한편, 나르메르 팔레트는 이집트의 강렬한 태양빛으로부터 파라오의 눈을 보호하기 위한 화장품의 제조 목적으로 쓰인 석판으로 제사와 같은 종교적 행사에 쓰였을 것으로 추정하고 있다.

나르메르 팔레트의 상단에 묘사된 뿔 달린 암소는 호루스(Horus)의 부인으로서 파라오를 수호하는 하토르(Hathor) 여신을 묘사하고 있으며 두 암소 사이에 묘사된 메기, 끌, 왕궁의 문양은 상형문자로 나르메르 자신을 나타내고 있다. 상단의 두 번째 층 왼쪽에 묘사된 키가 큰 남성이 초대 파라오인 나르메르이며, 자신이 정복한 하 이집트의 상징인 독사 모양의 왕관을 착용하고 있다. 한편, 태양의 신 호루스와 여러 동물이 묘사된 깃발을 들고 앞장서있는 병사들이 묘사되어 있으며, 그 앞에는 패배한 하 이집트 병사들로 추정되는 시체가 다리 사이에 머리를 끼운 채 누워있는 모습을 나타내고 있다. 파레트의 중간에는 뱀의 목을 가진 두 마리의 사자가 목을 교차하고 있으며, 최하단에는 왕이 뿔 달린 성난 소로 변신하여 적을 짓밟고 있는 모습을 묘사하고 있다. 이렇듯 이집트인들의 인체 묘사는 보이는 것을 그대로 묘사하는 사실성에서 벗어나 그렇다고 알고, 믿고 있는 것을 묘사하는 방식을 채택하였다.

[그림 7-2] 나르메르 팔레트(Palette of King Narmer)

3 살아있는 인간의 생동감과 인간적 아름다움을 표현

아르카익기(Archaic Greece)는 올림픽 경기의 원년이 되는 기원전 8세기에 탄생하였으며 오래되고 고풍적인 의미를 지닌 '태고(太古)', 즉 아르케(Arche)에서 유래하였다. 그리스의 초기 예술로 분류되는 만큼 작품의 형태가 타 그리스 시기에 비해 다소 소박한 측면을 나타내고 있다.

「코우로스」와 「코레」는 아르키익기를 대표하는 조형예술에 해당한다. '코우로스(Kouros)'는 그리스어로 남자, 혹은 청년을 지칭하며, '코레(Kore)'는 처녀, 혹은 소녀를 지칭한다. 즉, 코우로스와 코레는 10~20대 사이의 젊은 남녀를 조각한 작품으로 두 작품은 쌍을 이루며 육체적인 활동이 왕성한 시기에 생을 마감한 젊은 이들을 기리기 위해 제작된 것으로 추정하기도 한다.

코우로스는 나체의 조각상으로 경직된 모습에 잘 발달한 근육질의 신체를 표현하고 있으며 앞으로 내민 왼쪽 다리와 꽉 움켜쥔 주먹을 표현하고 있다. 코우로스와는 반대로 코레는 옷을 입은 형태로 조각되었는데 이는 건강하고 아름다운 몸을 가진 젊은 남성의 몸을 신성시하는 경향에 따라 나타는 것으로 추정된다.

[그림 7-3] 코우로스(왼쪽)와 코레(오른쪽)

코우로스와 코레 조각상에서 나타나는 경직성은 아르카익기 조형예술에 영향을 준 이집트 예술에서 나타나는 경직성을 연상시킨다. 이는 이집트 예술에서 두드러지게 강조된 정면성의 특징이 반영된 것으로 볼 수 있다. 그러나 코우로스와 코레에서는 이집트 예술과는 차별적인 생동감을 표현하기 위해 살짝 미소 짓는 인간상을 제작함으로써 인체에서 나타나는 인간적인 아름다움을 표현하고자 하였다. 마치 모나리자의 미소를 연상하게 만드는 이 미소를 '아르카익의 미소(Archaic Smile)'라고 부른다.

「크리티오스의 소년」은 기원전 480년경 작품으로 추정되며, 아르카익기 코우로스 조각상의 마지막 세대 작품으로 분류되면서 동시에 인체의 유기적인 동작을 표현하고자 한 첫 번째 시도라는 점에서 큰 의미를 지닌다. 작품은 다른 코우로스 조각상과 마찬가지로 기존의 이집트 예술에서 나타난 바와 같이 정면성의 원리에 따라 정면을 향하고 있으나 인체의 무게중심을 변형하여 체중을 한쪽 다리에 집중하는 한편, 엉덩이를 위로 들어 올리고 동체를 완만하게 휘어진 형태로 묘사하고 있다. 더 나아가 머리의 방향은 완전한 정면보다는 작품을 중심으로 오른쪽으로 돌아간 형태를 보이고 있으며 앞으로 내민 오른쪽 다리는 힘을 뺀 상태로 움직이는 모습을 취하고 있다. 이 작품을 통해 이집트 예술의 정면성으로부터 영향을 받은 경직된 형태는 다소 이완된 형태로 변화하고 있음을 시사하며, 향후 고전기의 콘트라포스토(Contraposto) 형식에 영향을 미친다.

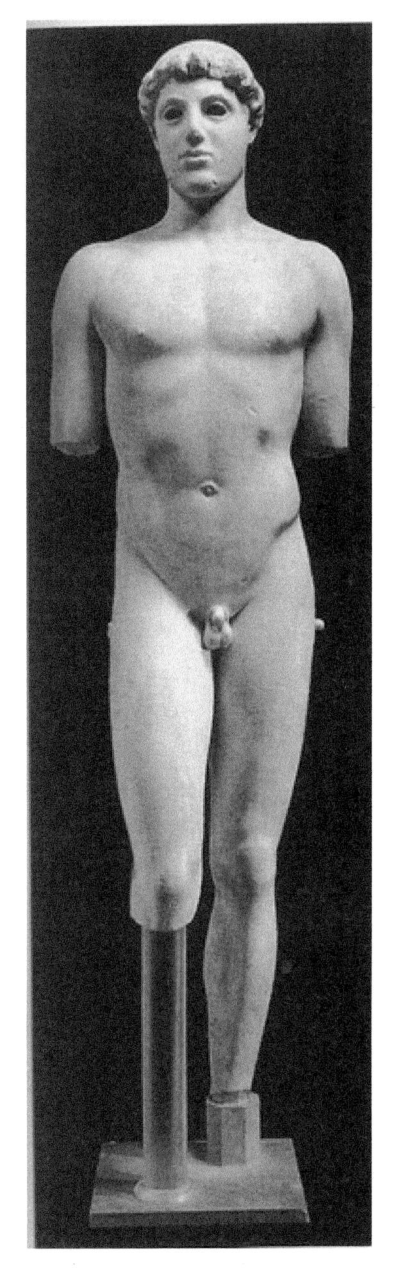

[그림 7-4] 크리티오스의 소년(Critian Boy)
그리스 아크폴리스 박물관

http://www.jbpresscenter.com/news/articleView.html?idxno=6891

4 인체의 이상적 아름다움과 감정의 표현

그리스 예술에서 아르카익기과 헬레니즘 사이에 형성된 고전기를 흔히 그리스 예술에서의 전성기로 분류한다. 전기 고전기(The Former Period of Classical Greece)는 미론(Myron), 피디아스(Phidias), 폴리클레이토스(Polykleitos) 등 3대 예술가가 활동했던 시기이며, 후기 고전기(The Letter Period of Classical Greece)는 프락시텔레스(Praxiteles), 리시포스(Lysippos), 스코파스(Skopas) 등의 3대 예술가의 활동무대로 유명하다. 이 시기에는 기존의 엄격한 규칙과 원리를 강조했던 이집트 조형예술의 긴장감과 한계를 해소하는 시도가 지속적으로 이어졌으며, 단출하고 투박한 원시성을 벗어나 여성의 우아함과 사실적인 숭고함 등을 내포한 정교한 인체미를 조형예술에 담고자 하였다. 특히, 이 시기의 그리스인들이 생각한 인체미의 예술적 표현에 대한 규범(Canon)은 인체의 실제 비례를 기준으로 하는 것이 아닌 궁극의 이상적 아름다움을 기하학적 원리를 적용하여 표현하는데 집중한 것으로 볼 수 있다.

폴리클레이토스(Polykleitos)의 대표적 작품 중 하나로 손꼽히는 「창을 든 소년」은 기원전 450년경의 작품으로 해부학적 관찰을 통해 이상적인 인체미를 나타내고자 한 작품이며, 그리스 조형예술작 중 가장 안정된 형태의 균형 감각을 표현하는 조각에 해당한다. 폴리클레이토스는 '황금비(Golden Ratio)'의 창시자로서 이 작품을 통해 인간의 신체적 아름다움을 표현하는 한 단계 진화된 수준의 표현을 이끌어내는데 성공하였다.

고전기를 대표하는 조형예술의 특징을 잘 담고 있는 또 하나의 작품의 「죽어가는 니오비드」이다. 이 작품은 기원전 450~440년경 제작된 것으로 추정되며, 고전기의 작품에서만 볼 수 있는 '비애'를 표현하는 '파토스(Pathos)'를 담고 있다. 파토스는 그리스어로 청중의 감성 및 감정에 호소하는 것을 뜻하는데 이러한 파토스가 죽어가는 니오비드의 작품에 최초로 담겨졌다.

죽어가는 니오비드 작품은 그리스·로마 신화에 등장하는 니오베의 모습을 형상화한 조형예술작품이며, 일곱 명의 아들과 일곱 명의 딸을 가진 여인 니오베가 아폴론과 아르테미스의 어머니에게 자신의 자식을 자랑한 것을 계기로 모든 자식이 죽임을 당하자 이 죽음을 슬퍼하며 자신의 등에 박힌 화살을 제거하려는 장면을 묘사하고 있다. 이 작품은 니오베가 화살을 맞은 극적인 장면을 나타냄으로써 동작의 개념과 감정의 개념을 연계하고자 한 시도가 인상적이며, 인체의 형태를 통해 고통과 비애와 같은 감정을 표현하고 공감하도록 하고자 하는 의도를 담고 있다는 점에서 큰 가치를 지니고 있다. 즉, 고전기는 조형예술에 황금비를 적용하여 인체의 아름다움을 이상적으로 표현하고자 하는 시도뿐만 아니라 인체의 동작을 통해 감정까지도 표현하고자 했다는 점에서 특징적이다.

[그림 7-5] 창을 든 청년(Spear Bearer)

[그림 7-6] 죽어가는 니오비드(Dying Niobid)

그리스 고전기는 기존의 이집트 예술에서 표현된 정면성과 경직성을 극복하고자 했던 아르카익기의 예술적 경향을 더욱 발전하여 인체를 통해 상반신과 하반신의 유연한 S자 형태의 곡선과 운동감을 표현하고자 했다는 점에서 큰 차별적 특징을 지니고 있다. 이를 콘트라포스토(Contraposto) 자세라고 부른다.

콘트라포스토는 몸의 무게중심을 교체한 다리 중 뒤쪽에 위치한 다리에 둔 포즈이며, 이를 통해 유연한 각선미가 형성되는 것을 의미한다. 이는 현대의 여성들이 지향하는 S자 형태의 곡선의 기원이 되기도 한다. 콘트라포스토의 개념은 인체의 이상적인 황금비를 발견한 폴리클레이토스로부터 창시된 개념이다. 폴리클레이토스는 자신의 저서 「캐논(Cannon)」에서 인체의 외형 중 머리가 나머지 신체의 8분의 1을 차지하는 경우를 최고의 미적 규범을 지니는 비율로 명시하였으며, 이는 추후 헬레니즘기에서 8등신의 비례를 통한 조형예술의 인체미 극대화를 지향하는데 영향을 미치게 된다.

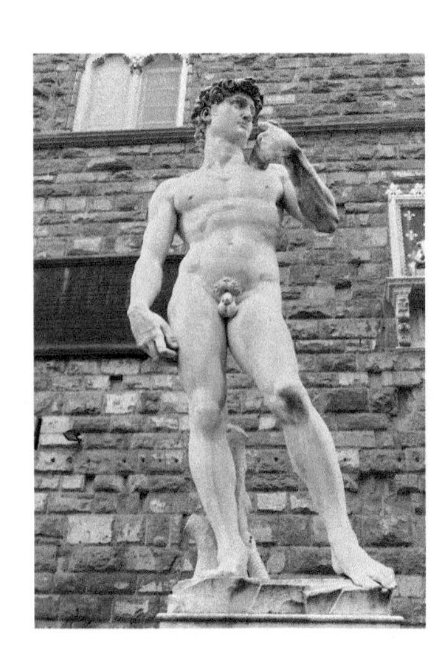

[그림 7-7] 콘트라포스토(Contrapposto)

5 인체의 역동성을 통한 보이는 예술을 표현

조형예술의 역동성을 표현하고자 했던 고전기의 작품으로는 기원전 450년경, 미론(Myron)의 「원반 던지는 사람」이 대표적이다. 원반 던지는 사람에 나타난 해당 작품은 움직이는 동적인 자세를 통해 새로운 공간감을 나타낸다. 특히, 원반을 던지기 직전의 자세를 정지된 형태로 묘사하고 있는데 이 순간적인 자세에서 아르카익기에서 나타나는 '미소'와 함께 '경직성'이 사라지는 대신 역동적인 움직임이 극대화되는 것을 통해 찰나의 운동감을 표현하는데 집중하는 고전기의 특징을 엿볼 수 있다.

더 나아가 「원반 던지는 사람」은 신체의 비례에 대한 완벽한 이해를 바탕으로 한 황금비의 개념이 적용된 한편, 신체에 작용하는 힘에 크기에 따른 근육의 수축과 이완의 대비까지 세세하게 묘사하고 있다는 점이 놀랍다. 이는 기존의 이집트 조형예술에서 강조했던 "아는 것에 대한 예술"을 넘어서 "보이는 것에 대한 예술"로의 전환이 이루어졌다는 것을 일깨우게 한다.

[그림 7-8] 원반던지는 사람

6 완벽하고 부드러운 곡선을 통한 인체의 관능미를 표현

후기 고전기(The Letter Period of Classical Greece)에 접어들어서 그리스 조형예술에는 인간의 감수성에 대한 표현과 의도적인 황금비율의 활용을 통한 관능성을 극대화하는데 치중한 인체미를 나타내고 있다. 대표적인 작품으로는 프락시텔레스(Praxiteles)의 「크니도스의 아프로디테」와 「헤르메스와 아기 디오니소스」를 꼽을 수 있다.

기원전 370~333년경 작품으로 추정되는 「크니도스의 아프로디테」는 아프로디테 여신이 목욕을 위해 옷을 벗는 모습을 표현한 조형예술작으로 최초로 여신의 나체를 표현한 작품으로써 미의 여신 또한 인간의 감정표현을 위한 대상이 될 수 있다는 시발점을 알린 작품이다. 한편, 기원전 330~302년경의 작품으로 추정되는 「헤르메스와 아기 디오니소스」는 과장된 8등신 비례와 굴곡을 적용하여 완벽하고 부드러운 곡선을 통해 인체의 관능미를 극대화하는데 집중하였다.

[그림 7-9] 크니도스의 아프로디테

[그림 7-10] 헤르메스와 아기 디오니소스

7 거침과 격렬함, 그리고 인간 내면의 섬세함을 표현

헬레니즘기는 알렉산드로스 대왕(Alexander the Great)이 페르시아 제국(Persian Empire)을 정복한 시기에서부터 로마의 이집트 정복 시기에 해당하는 기원전 330~30년을 지칭하며, 그리스 문화의 세계적 확산과 함께 헬레니즘 문화와의 융합을 통해 그 영향력이 절정에 달한 시기에 해당한다. 이 시기에는 활발한 정복 전쟁의 영향으로 인해 왕과 영웅, 전사 등을 대상으로 한 조형예술이 다수 제작되었으며, 거칠고 격렬하고 역동적인 개념을 예술에 포함 시키는 것에 집중하였다. 이와 동시에 신화적 주제에 대한 관심보다는 인간의 내면적 감성을 주제로 한 관심이 중시되면서 인간의 관능과 감정의 호소를 격정적으로 표현하는 것에 치중한다.

인체의 역동성을 극대화하고자 하는 시도 덕분에 인체의 정적인 모습과 동적인 모습을 표현하고자 했던 작품이 대비되어 예술적 풍요를 이루기도 한다. 예를 들어 「벨베데레의 아폴론」은 건강한 남성상의 표본으로 S자 형태의 균형을 갖춘 인체미가 돋보이는 것과 동시에 아폴론 신을 표현하는데 적합한 이상적인 장엄함, 또는 고요함을 갖추기 위해 다소 정적인 형태를 나타내는데 집중하였다. 이와는 대조적으로 기원전 220~200년경 헬레니즘 시대의 작품으로 추정되는 「보르게제의 전사」의 경우 머리, 목, 그리고 이와 이어지는 상체의 방향을 표현하는데 인위성을 적용하여 박진감 넘치는 형태의 과장된 방법을 사용하기도 하였으며, 순간적인 장면이나 감흥을 유발할만한 격정적 요소를 작품에 담아내는 특징을 그대로 보여주고 있다. 이 작품은 힘차게 뻗은 다리와 팔을 통해 창을 잡고 던지려는 순간을 묘사하고 있으며 길게 뻗은 한쪽 다리와 함께 이와 연결된 상체와 팔, 머리까지의 일직선 구조를 표현함으로써 당시의 곡선을 강조하던 조형예술적 특성과는 차별적인 파격성을 나타내는 작품이기도 하다.

[그림 7-11] 벨베데레의 아폴론

[그림 7-12] 보르게제의 전사

헬레니즘기의 역동적 특징을 가장 잘 표현하는 대표적인 조형예술작품은 바로 일반인들에게도 잘 알려진 「사모트라케의 니케」와 「라오쿤과 군상」이다.

「사모트라케의 니케」는 기원적 220~190년 사이에 제작된 것으로 에게해에서 일어난 해상전에서의 승리를 기념하기 위해 사모트라케 섬에 세운 조각상으로 추정된다. 니케상은 사실적인 표현과 기술적인 기교의 극치를 나타내는 작품으로 손꼽힌다. 승리의 여신 니케는 강렬한 바닷바람을 맞으며 두 날개를 활짝 편 채 공중에서 뱃머리로 착지하는 모습을 형상화함으로써 전쟁에서의 승리를 표현하는 위풍당당함과 대담함을 나타내는 동시에 바닷물에 젖은 상태로 바닷바람에 휘날리는 옷자락을 표현함으로써 그 섬세함과 관능미를 동시에 갖춘 걸작으로 평가받고 있다. 이는 헬레니즘 조형예술의 특징으로 나타나는 역동성과 고전기의 황금비율을 발전시킨 관능미를 그대로 보여주고 있다. 한편, 니케의 조각상을 발견할 당시에는 조각상이 파편들로 분리되어 있었으며, 발굴과정에서 양쪽의 두 팔과 두상은 찾지 못하여 현재의 형태로 복원되어 있다.

[그림 7-13] 사모트라케의 니케(Nike of Samothrace)

아게산드로스(Agesandros), 아테노도로스(Athenodoros), 폴리도로스(Polydoros)로 불리는 로도스 섬 출신의 예술가들이 합작하여 만든 「라오콘과 군상」은 기원적 150~50년경에 제작된 것으로 추정되며 「사모트라케의 니케」와 함께 헬레니즘 시대의 최고 걸작 중 하나로 칭송받는다.

해당 작품은 트로이 전쟁신화로부터 영감을 얻은 작품으로써 아폴로 신을 섬기는 트로이의 제사장인 라오콘이 트로이 전쟁 당시 그리스군의 목마를 트로이 안으로 들이는 것을 반대하자 이에 분노한 포세이돈 신이 두 마리 뱀을 보내 두 아들을 죽게 하는 비극적인 장면을 묘사하고 있다.

「라오콘과 군상」은 죽음의 순간에서 벗어나고자 하는 인간의 절박한 감정을 극적으로 생생하게 연출하는데 집중하였으며 자극적이면서도 격렬한 상황을 사실적으로 묘사하기 위해 연극적 요소를 의도적으로 가미하여 헬레니즘 시대의 역동성을 강조하고자 하였다. 라오콘과 군상은 기존의 그리스 예술에서 강조하였던 균형과 이상적 아름다움과는 다소 차별적인 관점에서 고통과 절망, 허망과 고독 등의 감정을 여실히 표현하고자 했다는 것을 알 수 있게 한다.

[그림 7-14] 라오콘과 군상

∷ 회화

회화(繪畵, Painting)는 나무, 종이, 캔버스(canvas), 콘크리트(concrete), 유리 등의 다양한 2차원 표면에 여러 가지 선과 색채를 활용하여 형상을 그려서 표현하면 예술작품을 의미한다. 회화는 점, 선, 면, 형, 색, 명암, 양감, 질감, 원근, 공간 등 다양하고 구체적인 조형 요소와 더불어 통일, 변화, 동세, 균형, 율동, 비례, 강조, 반복, 대칭 등 다양한 조형 원리와 예술가의 사상이 결합 되어 풍부한 표현력이 깃들여진다. 조각과 마찬가지로 오랜 역사를 통해 그 명맥을 이어오고 있으며 신화, 종교, 풍경, 인물, 내면 등과 같은 다양한 주제와 분야를 지니고 있다.

1 천박한 인간과 추함의 표현

20세기 입체주의(Cubism)의 시작임과 동시에 현대미술의 출발점으로 볼 수 있는 파블로 피카소(Pablo Picasso)의 작품 「아비뇽의 처녀들 습작」에서는 인체의 균형과 비례를 중심으로 한 분할, 조화, 아름다움의 관점은 찾아보기 어렵다. 더 나아가 작품 속에 표현된 여성은 모두 제각각의 형태를 지니며 얼굴의 표정과 시선 등을 통틀어 통일성의 개념을 전혀 찾아볼 수가 없다.

피카소의 이 작품은 스페인 바르셀로나의 매음굴인 아비뇽가(Avignon)를 묘사하고 있는 습작으로 매음굴에 들어온 선원과 창부들을 중점적으로 표현하고 있다. 현대미술의 대표작으로 불리는 이 작품은 그전까지의 고전미술에서는 찾아볼 수 없는 인체의 천박함과 추함을 극명하게 나타내고 있다. 즉, 인간과 신을 동일시하기 위해 인체미의 극대화를 추구했던 관점과는 완전한 반대의 개념을 나타내고 있는 셈이다.

[그림 7-15] 파블로 피카소의 아비뇽의 처녀들 습작(1907)

https://blog.daum.net/gijuzzang/8514372

2 동일한 주제에 대한 차별적 관점의 표현

르네상스 시대를 대표하는 산드로 보티첼리(Sandro Botticelli)의 삼미신(三美神, The Three Graces)과 20세기 '반(反) 예술적 성향'을 지닌 프란시스 피카비아(Francis Picabia)의 삼미신을 비교하여 볼 수 있다. 보티첼리의 작품은 마치 예술의 꽃을 피우듯 '다시 태어남'을 뜻하는 르네상스의 이미지와 같이 우아함과 아름다움을 잘 표현하고 있는 반면에 피카비아의 삼미신은 삼미신과 밀접하게 연관된 매력, 아름다움은 찾아볼 수 없다.

[그림 7-16] 프란시스 피카비아의 삼미신(1924~1925)과 보티첼리의 삼미신(1842)

https://m.blog.naver.com/PostView.naver?isHttpsRedirect=true&blogId=dna327&logNo=2202

3 인간의 몸과 이성적 존재를 동일시하는 것을 거꾸로 표현

일찍이 고대 그리스 시대에서부터 인간은 아름다운 존재임과 동시에 이성적 존재임이 강조되어온 한편, 인간과 신을 동일시하는 경향도 나타난다. 이에 따라 인체는 곧 이성적 존재의 표현이며, 동시에 지성인의 모습을 갖추어야 하다는 것이 고전미술에서 지향해온 관점이다. 그러나 장 뒤비페(Jean Dubuffet)의 1946년 작품은 이를 완전히 거꾸로 표현하고 있다. 장 뒤비페는 아마추어 화가, 어린아이, 정신병자와 같은 사회적 약자들의 작품에 매료된 이후 마치 보석과 같이 가공되지 않은 원시적인 형태의 미술적 표현을 도출하는데 집중하였다. 그의 작품 중 하나인 「권력에의 의지」에서 표현된 인체는 어린아이의 모습을 하고 있으며, 마치 인간의 형상이 유아의 그것으로 퇴행하는 듯한 이미지를 강력하게 전달하고 있다.

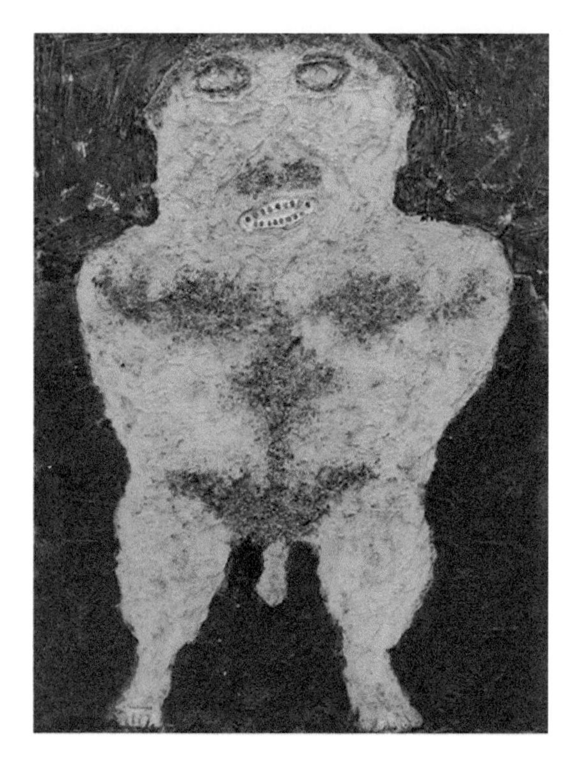

[그림 7-17] 장 뒤비페의 권력에의 의지(1946)

https://blog.naver.com/PostView.naver?blogId=joeuning&logNo=221688537136

4 아름다움과 추함을 넘어선 '해체'의 표현

현대미술에서 바라보는 인체미는 아름다움에서 추함으로 변화하는 것에서 더 나아가 몸이라는 형태마저 알아볼 수 없을 정도의 '해체' 혹은 '소멸'의 느낌을 전달해주기도 한다. 미국의 추상표현주의 예술가로 활동했던 웰럼 드 쿠닝(Willem De Kooning)은 그의 1952년 작품 「여인」을 통해 이러한 관점을 잘 보여주고 있다. 그는 액션 페인팅의 대표적인 작가로서 격렬한 필촉을 작품에 담았으며, 이와 동시에 형태의 해체, 혹은 소멸(사라짐)을 함께 표현하고자 하였다.

[그림 7-18] 윌렘 드 쿠닝의 여인(1952)

https://m.blog.naver.com/PostView.naver?isHttpsRedirect=true&blogId=nuctom&logNo=220861104921&view=img_3

5 인간의 몸을 무의식으로 표현

다양한 작품에서 살펴보면 현대미술에서의 인간은 고전미술에서와 같이 인간을 이성적인 존재로 보지 않는다. 무의식의 세계와 가장 밀접한 관련성을 지닌 대표적인 예술가 중에 하나로 손꼽히는 스페인의 초현실주의 화가인 살바도르 달리(Salvador Dalí)는 그의 작품 「트리스탄고 이졸데」를 통해 인간의 몸을 무의식으로 표현하였다.

그의 작품은 중세 유럽의 전설적 인물로 묘사되는 트리스탄과 이졸데의 사랑과 고통, 그리고 죽음에 대한 이야기를 소재로 하고 있으나 일반적인 표현방식과는 달리 지그문트 프로이트(Sigmund Freud)의 정신분석학에서 논의되는 공명과 꿈,

환상, 그리고 비합리적 환각의 상태를 객관적이고 사실적으로 표현하고자 하였으며, 이러한 관점을 작품에 담아 인체에 무의식의 개념을 나타냈다.

[그림 7-19] 살바도르 달리의 트리스탄고 이졸데(1944)

https://m.blog.naver.com/PostView.naver?isHttpsRedirect=true&blogId=coolida&logNo=220996546097&view=img_2

6 인간의 몸을 금속화한 융합적 표현

인체를 유기물이 아닌 무기물의 관점에서 해석하고 이를 예술적 작품으로 표현한 것도 존재한다. 대표적으로 초현실주의 예술의 초기 단계의 일종으로 분류되는 '형이상학파(Metaphysical Art)'를 대표하는 이탈리아의 화가 조르조 데 키리코(Giorgio de Chirico)는 그의 작품 「헥토르와 안드로마케」를 통해 이를 잘 나타내고 있다.

작품에 표현되는 인물은 그리스 신화의 트로이 전쟁의 영웅인 헥토르(Hector)와 그의 아내인 안드로마케(Andromache)이다. 이 작품에는 인간과 인체의 동물적 진화를 표현하였던 현대주의 예술의 관점에서 한걸음 더 나아가 인간과 인체의 무기물화를 지향하는 작품으로 현대화가 진행될수록 인간과 기계가 융합하여 금속성, 혹은 기계화의 성질을 띠게 되는 것을 작품에 담기도 하였다.

[그림 7-20] 조르조 데 키리코의 헥트로와 안드로마케(1912)

https://m.blog.naver.com/PostView.naver?isHttpsRedirect=true&blogId=miller77&logNo=221603152177&view=img_2

:: 설치미술

설치미술(設置美術, Installation Art)은 1970년대 이후 등장한 현대미술을 표현하는 다양한 방식 중 하나로 분류되는 미술로써 예술가의 의도에 따라 실내·외를 막론한 특정한 장소 및 공간 전체를 구성·변화시키는 것을 통해 작품으로 승화시키는 것을 의미한다. 설치미술은 장소(Sight), 미디어(Media), 대화(Dialogue) 등 모든 것이 공간을 구성하는 소재로 활용되며 공간 전체가 하나의 작품이 되기 때문에 감상하는 관람객으로 하여금 감상보다는 체험에 가까운 경험을 느끼게 한다.

1 과학에 의한 몸의 변형의 가능성을 표현

현대미술의 거장(巨匠)으로 불리는 폴 매카시(Paul McCarthy)는 일찍이 그의 작품세계를 통해 인간의 폭력성을 끊임없이 고발해온 문제적 작가이다. 폴 매카시는 1994년 그의 작품「돌연변이」를 통해 기형적인 형태의 인체를 표현했는데, 구체적으로 몸에 비하여 상대적으로 큰 머리를 지닌 인물이 웃으며 다리를 꼬고 앉아 있는 모습을 묘사하였다. 그는 이 작품을 통해 생명공학, 유전자공학 등과 같은 과학기술의 발전이 생체 변형의 가능성을 지니고 있다는 문제를 간접적으로 비판하고 있으며, 이 작품은 이러한 과학기술을 활용한 인간의 의도적 개인이 부정적인 결과를 초래할 수 있다는 것을 경고하는 듯하다.

[그림 7-21] 폴 매카시의 돌연변이(1994)

https://m.blog.naver.com/PostView.naver?isHttpsRedirect=true&blogId=tiger6107&logNo=220982113727&view=img_1

2 영혼이 없는 비어있는 몸을 표현

일찍이 종교가 한 국가의 사회 및 문화의 양상을 결정할 정도로 강력한 권력을 자랑하던 20세기 이전은 종료적 관점에 따라 우리의 신체는 영혼을 담기 위한 그릇이자 집의 개념으로 받아들여지기도 하였다. 이러한 관점은 서구의 미술에 큰 영향을 미쳤으며 육체에 담긴 보이지 않는 영혼을 표현하고자 했던 예술적 시도는 끊임없이 존재해왔다. 그러나 제임스 크록(James Croak)은 1995년에 제작된 그의 작품 「Decentered Skin」을 통해 인체에는 영혼이 존재하지 않으며, 텅 빈 그릇, 혹은 텅 빈 집으로 묘사하기도 하였다. 이는 기존의 고전주의 미술에서 인체에 대하여 지니고 있던 관념적 사상을 정면으로 반박하는 것으로 볼 수 있다.

[그림 7-22] 제임스 크록의 Decentered Skin(1995)

https://m.blog.naver.com/PostView.naver?isHttpsRedirect=true&blogId=tiger6107&logNo=220982113727&view=img_2

3 인간의 몸을 은유적으로 표현

인체를 표현하는 고전미술의 전통적인 관점과는 다르게 현대미술에서는 예술작품에서 인체를 표현하는데 있어 반드시 인체를 직접적으로 묘사하지는 않는다. 모린 코너(Maureen Connor)는 그의 작품 「당신보다 더 마른」을 통해 극도로 마른 체형을 갖추기 위해 끊임없이 고군분투하는 현대의 여성들에 대한 압박과 욕망을 은유적으로 표현하였다. 해당 작품에는 인체는 나타나지 않으며, 대신 마른 인체를 연상시키는 옷걸이와 늘어진 드레스만 존재할 뿐이다.

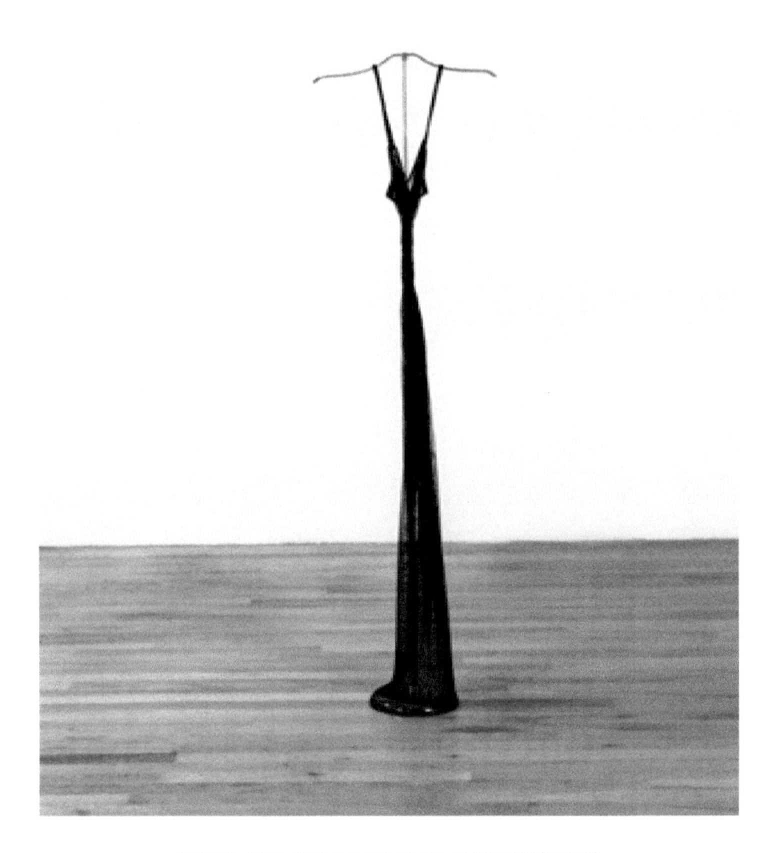

[그림 7-23] 모린 코너의 당신보다 더 마른(1990)

https://m.blog.naver.com/PostView.naver?isHttpsRedirect=true&blogId=tiger6107&logNo=220982113727&view=img_3

∷ 시각미술

시각미술(視覺藝術, Visual Arts)은 인간의 다섯 가지 주요 감각인 '오감(伍感)' 중 '시각(視覺)'을 통해 전달·향휴되는 예술작품을 의미하며 눈으로 볼 수 있는 것에 초점을 두기 때문에 청각적 예술과 같은 추상예술과는 상대되는 개념으로 이해할 수 있다. 공간예술과 동일시하는 경향도 있으나 현대에 들어서 시각적 미술영역은 확장되고 있으며, 시공간의 예술로 구분할 수 있는 무용, 판토마임(Pantomime), 퍼포먼스(Performance), 해프닝(Happening) 등의 음악적, 행태적 활동을 포함하고 있다.

1 인간의 몸이 지니는 작품성에서의 무한한 가능성을 표현

19세기 중반에 접어들어 신기술인 사진술이 발전한 이후부터 사진은 인간의 몸을 예술에 대한 적극적 표현의 도구로 활용하기 시작하였다. 일찍이 인체를 이성과 영혼을 담는 '그릇', 혹은 이를 보관하는 '집'의 개념으로 받아들였던 전통적인 관

[그림 7-24] 로베르 드마시의 Dans Les Coulisses(1990)

https://www.jungle.co.kr/magazine/200246

점에서 벗어나 현대미술과 사진술의 결합은 인체가 인간의 상상력과 창의력, 그리고 이를 통한 무한한 가능성을 표현하는 주요한 요소로 자리잡는데 일조하였다. 대표적으로 로베르 드마시(Robert Demachy)는 그의 1990년 작품을 통해 인체를 활용한 자세, 명암, 형태의 무한한 변형이 예술적 풍부함을 가져다준다는 것을 작품으로 표현하였다.

2 인간의 몸을 통해 힘과 해방감을 표현

현대미술에서의 인체는 예술가의 신념과 사상을 세상에 널리 전달하는데 활용될 수 있는 좋은 소재가 되었다. 이에 대한 몇 가지 사례 중 대표적인 사례로써 1960~70년대 활동했던 1세대 페미니스트들의 활동내용을 살펴볼 수 있다.

이들은 여성의 신체를 주제로 성적인 욕망과 감정, 꿈과 같은 내용을 표현함과 동시에 그 이면에는 여성의 인권과 정치적인 행동주의를 표방하는 작품을 만들어내는 것에 열중하였다. 여성 주체적 시각에 기반한 예술작품으로 사회에 메시지를

[그림 7-25] 해나 윌크의 해방된 섹슈얼리티의 표현

https://m.blog.naver.com/PostView.naver?isHttpsRedirect=true&blogId=tiger6107&logNo=220982113727&view=img_4

전달하는 대표적인 예술가인 한나 윌키(Hannah Wilke)는 여성들의 성적인 힘과 해방감을 표현하기 위한 수단으로 다양한 예술적 퍼포먼스를 만들어냈으며 인체와 예술을 결합하여 새로운 메시지를 전달하는 것에 전념하였다.

3 인간의 몸을 통해 문화적 전쟁의 상징성을 표현

여성의 신체를 통한 다양한 예술적 퍼포먼스로 사회적, 문화적 반향을 일으키는 것은 현대미술에서는 매우 빈번한 일이다. 현대미술에서 가장 중요한 작가 중 한 명으로 손꼽히는 미국의 바바라 쿠루거(Barbara Kruger)도 이러한 예술적 활동의 대표주자이다. 구체적으로 그녀는 1989년 작품「너의 몸은 전쟁터」를 통해 표면적으로는 여성의 낙태에 대한 합법화를 지향하는 운동으로 여성의 출산권 투쟁을 몸소 표현하였으나 이보다 더 심도 있는 관점에서 그녀는 현대미술에서의 인체는 '가장 정치적인 영역 중 하나'라는 의미를 전달하고자 하였다.

[그림 7-26] 바바라 크루거의 너의 몸은 전쟁터(1989)

https://m.blog.naver.com/PostView.naver?isHttpsRedirect=true&blogId=tiger6107&logNo=220982113727&view=img_6

4 인간의 몸에 대한 관점의 변화로 새로운 느낌과 의미를 표현

최원진의 2000년 작품, 「The landscape met in my body 2」는 자신의 신체 일부를 극단적으로 확대하여 하나의 예술작품으로 표현하였다. 인간의 신체를 활용하였다는 점에서 친숙함이 존재함과 동시에 표현의 방식과 관점의 변화를 주어 신비하고 낯설기까지 한 기이한 느낌도 존재하는 것이 특징이다. 그는 신체의 극단적 확대를 통해 하나의 우주로서 인간과 인간의 몸에 대한 개념을 제시하고자 하였다.

[그림 7-27] 최원진의 The landscape met in my body 2(2000)

https://blog.daum.net/wjche/14333252

5 인간의 몸을 통한 기괴함과 유한함을 표현

고대 이집트에서는 인체를 활용한 예술은 그 대상의 절대적 권력과 함께 영원·불멸을 상징하기도 하였다. 그러나 현대의 미술에서 인체는 이와는 대조적으로 영원·불멸의 대상이 아닌 기괴한 형태로 변화하는 유한함을 지닌 것으로 묘사한다. 즉, 인체에 대한 현실주의적 사상을 예술작품을 통해 명확히 전달하고 있는 셈이다.

존 코프런스(John Coplans)는 자신의 주름지고 처진 인체를 고스란히 촬영하여 사진으로 담았고 이를 예술작품으로 승화시켰다. 해당 작품과 같이 1980년대에는 전쟁과 질병, 독극물 등과 같은 소재와 함께 인체의 유한함을 주로 표현하고자 했던 예술활동이 주류를 이루기도 하였다.

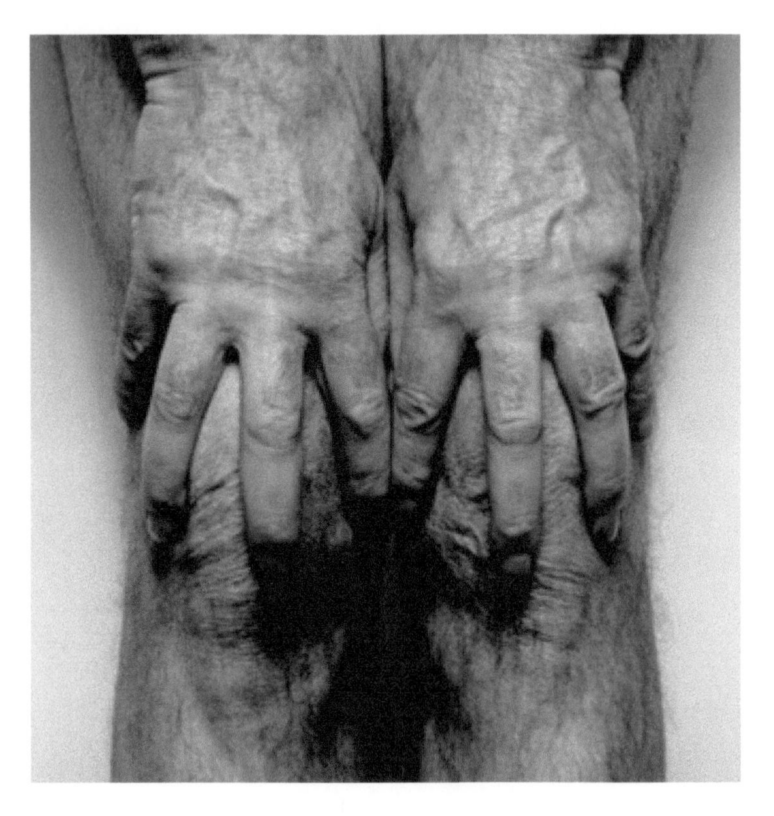

[그림 7-28] 존 코프런스가 스스로 촬영한몸

https://m.blog.naver.com/PostView.naver?isHttpsRedirect=true&blogId=tiger6107&logNo=220983710604&view=img_9

∷ 미디어예술

매체예술(媒體藝術), 혹은 뉴미디어 아트(New Media Arts)로도 불리는 미디어예술(Media Arts)은 사진, 전화, 영화 등의 발명과 함께 새로운 기술들을 작품의 소재로 활용한 예술을 지칭한다. 현대미술로 분류되는 미디어예술은 1990년대에 들어 등장하였으며, 1960년대의 텔레비전(Television), 방송, 1980년대의 정보통신기술(Information Communication Technology, ICT) 발전에 따른 인공위성, 인터넷(Internet), WWW(World Wide Web), 컴퓨터(Computer)의 등장, 그리고 CD, DVD, Blue-Ray, 게임(Game), 가상현실(AR), 증강현실(VR) 등 지속적으로 발전하는 새로운 기술적 매체는 모두 미디어예술의 대표적인 미술적 소재가 된다.

■ 인간의 몸을 기계와 동일시하여 표현

인간과 기계의 결합을 예술로 표현하는 작품은 현대미술에서 하나의 주요한 작품세계로 인식되고 있다. 인간의 몸을 기계와 동일시하며 표현하는 미디어 예술은 머지않은 미래에 과학기술의 발전을 통해 나타날 현상에 대한 예술가들의 예측이기도 하다. 포스트 휴먼(Post Human)과도 밀접한 관련성을 지니고 있는 예술가 중 하나인 앨런 래스(Alan Rath)는 인체가 아닌 기계의 몸에 인간의 형상을 담는 반전을 예술작품을 통해 묘사하고 있다.

한편, 벨기에 태생의 최첨단 현대미술(Temporary Art), 신개념미술(Neo Concenptualism)의 대표적인 예술가로 알려진 빔 델보예(Wim Delvoye)는 일명 "똥 만드는 기계"로 알려진 그의 작품 「클로아카」를 통해 고급 레스토랑을 선호하는 사람들에게 '음식은 결국 똥이 될 뿐이다.', '인간은 똥을 만드는 기계이다.'는 인식을 표방하는 기발하면서도 다소 충격적인 작품을 선보이기도 하였다. 해당 작품도 마찬가지로 인체과 기계의 결합, 그리고 두 개체를 동일시하는 개념으로 예술적 작품을 만들어냈다.

[그림 7-29] 앨런 래스와 빔 델보예의 인체와 기계의 결합을 표현한 예술작품

https://m.blog.naver.com/PostView.naver?isHttpsRedirect=true&blogId=tiger6107&logNo=220983710604&view=img_13
https://m.blog.naver.com/PostView.naver?isHttpsRedirect=true&blogId=tiger6107&logNo=220983710604&view=img_14

CHAPTER

8

신체 퍼포먼스

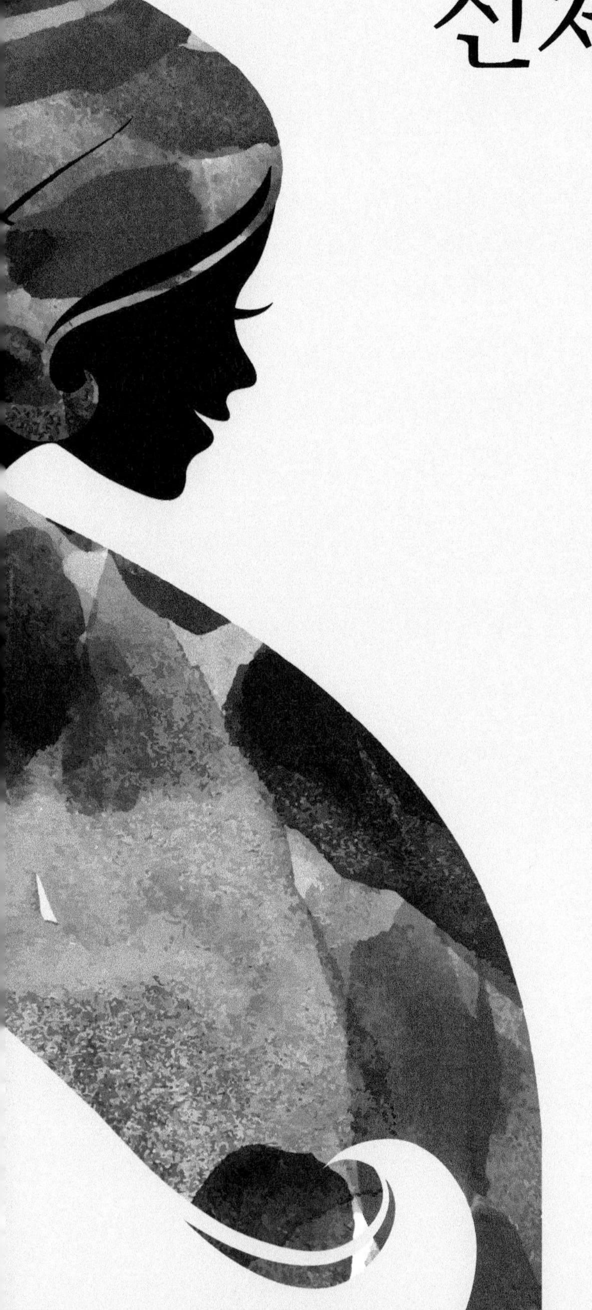

움직임과 몸 | 관조적 몸

∷ 움직임과 몸

인간은 세상에 존재를 드러내며 자신의 생명을 유지하기 위한 작은 호흡을 시작으로 몸을 움직인다. 무용가이자 무용 이론가인 루돌프 폰 라반은 이 작은 움직임은 곧 삶이며, 자신을 표현하는 창조의 근원이라 하였다. 삶을 드러내는 움직임이 우리의 몸과 함께 어떤 방식으로 어떻게 표현되고 있는지 일상생활에서뿐만 아니라 무용이나 운동 등의 전문 분야에서 나타나는 움직임을 살펴보며 몸의 아름다움을 위한 경험적이고 실제적인 이해를 도모한다.

1 삶의 예술로서 움직임

몸의 움직임은 몸짓이다. 몸짓은 모든 인간이 행할 수 있는 자연스러운 반응으로 삶에서 지속하는 경험이다. 추워서 몸을 떨거나 자고 일어나 기지개를 하는 일상적인 신체 활동뿐만 아니라 인간의 매 순간 변화하는 동작, 표정 등의 모든 움직임이 드러나는 몸이기에 삶은 움직이는 몸으로 이루어지는 것이다. 삶 속에서 이루어지는 움직임은 의미도 형태가 갖추어지지 않을 수도 있고, 반면 특별한 목적을 가질 수 있다. 춤이나 스포츠와 같이 목적을 가진 움직임은 신체와 의식의 통합적인 예술 활동으로 몸의 아름다움을 드러내며 실질적인 삶의 예술로서 가치를 지닌다. 그러므로 움직임은 삶을 지속할 수 있는 미적 활동이다.

■ 춤과 몸 dance & body

목적을 가진 움직임의 형태는 인간의 감정이 인체와 연결된 몸짓인 춤이라는 분야를 통해 한층 전문화된 몸짓으로 드러난다. 특정한 의미를 부여하는 춤의 시위로 몸짓은 감정을 드러낼 수 있다. 춤은 인류가 지구상에 존재하면서 언어 이전에 나타난 것으로 몸을 통해 표현하고, 의사소통의 전달수단으로 사용하였다. 춤을 통해 절대자인 신과의 의사전달의 유일한 수단으로써 사용한 것이 최초의 춤 예술 형태이다. 춤은 정신의 모든 이상이 표현이라는 몸짓을 통해 표출된다. 그러므로 춤과 몸은 육체와 정신으로 분리하기 어렵다. 몸짓을 담고 있는 신체는 인간의 의식을 전달하고자 하는 주체이다. 이는 인류가 세상에 존재하면서 생성된 가장 근원적인 것이며 또한 몸을 도구로 생각할 때 의미가 되는 것이다. 몸과 마찬가지로 춤도 상호작용을 하는 얽힘의 관계 속에서 우리가 살아가는 곳에서 의미작용을 하는 것이다. 춤을 통한 존재의 표현은 몸을 기점으로 하며, 어떤 것도 의식하지 않는 몸의 움직임은 춤의 본질이라 할 수 있다.

춤의 주체는 무엇인가? 라는 근원을 거슬러 올라가면 몸과 만나게 된다. 춤은 살아있는 몸에서 표현되고, 몸은 지각된 행동이 이루어지고 있는 공간이다. 지각의 주체인 몸에 의해 춤이 나타나며 몸의 주체인 인간은 삶을 살아간다. 그러므로 정신과 육체가 함께 공존하는 몸은 인간의 실존을 그대로 드러낸다. 몸으로 존재하는 인간과 그 몸으로 드러나는 춤이 공존하는 것이다. 춤추는 몸은 통합된 의식적 신체이며 정신과 육체가 분리될 수 없음을 인지하는, 그러므로 춤에서의 몸은 매우 중요한 장소이다. 인간과 인간의 소통은 언어가 아닌 몸짓을 통해 전달할 수도 있다. 즉, 춤을 추는 몸은 생각을 전달하는 소리 없는 언어적 매체인 것이다. 그러므로 춤은 마음과 분리되어서는 드러낼 수 없는 것을 의미한다. 춤에서 움직임은 하나의 언어이다. 몸짓을 담고 있는 몸은 또 다른 언어의 매체로서 이를 통해 자신의 감정과 사유를 드러낼 수 있다.

춤은 움직이는 몸을 도구로 성립하는 예술이다. 몸을 빼고는 춤을 이야기하기 어렵다. 이에 몸은 어떠한 안무도 표현할 수 있는 능력을 갖추기 위해 훈련을 한다. 이는 몸으로 자신의 언어를 전달하는 움직임을 표현력 있게 드러내기 위한 것이다. 춤을 추는 이들은 춤의 동작과 기술을 연마하며 움직임의 철저한 표현을 통해 자신의 존재를 아름다움으로 전달하는 것이다. 이는 살아있는 몸으로 그 춤의 경험을 통해서 우리가 춤에서 몸을 발견할 수 있는 것이다.

미학자 수잔 랭거는 춤을 상징적인 형식을 통한 힘의 환상을 보여주고 창조하는 행위라 하였다. 이러한 춤은 환상을 창조하며 물리적인 현실을 초월하여 가상적 힘의 근원이 되고, 춤의 총체적인 현상의 상징이 되는 것은 인간의 몸인 것이다. 춤에서 몸은 정서, 느낌, 감정, 에너지, 의미를 주체하는 존재로, 역동적인 에너지이며 의식의 직접적인 체험이 이루어지는 곳이다. 춤에서 움직이는 몸은 살아있는 생명체이며 주체라는 점에서 일상생활에서의 움직임과 그 의미가 같다. 다만, 춤은 분명한 의도와 목적을 가지고 생각과 감정을 드러내며 자신이 살아있는 인간임을 몸짓으로 표현하는 것이다. 이처럼 춤을 추는 이들은 그들만의 언어인 몸짓을 통해 자신을 드러내고 표현하며 인간의 원초적인 감성을 삶 속에서 예술적으로 표출하고 있다. 춤은 관조적인 성격이 강한 분야로 매우 엄격한 형식을 가진 발레가 대표적이다. 관객에게 보이기 위한 춤은 몸의 움직임을 통한 하나의 미적 투사로 춤을 추는 몸을 지각하고 느끼게 하는 것으로 타인에게 전달하는 미적 경험인 것이다.

현시대에서 춤은 고전적인 발레에서 자유로운 형식의 현대적 무용까지, 그리고 대중적인 춤으로 이어지고 있다. 과거의 무용 즉, 발레는 형식과 틀이 정해져 전문인을 통해 표현되었지만, 현시대의 무용은 어린아이부터 쉽게 접할 수 있게 되면서 유아발레, 발레핏과 발레 필라테스, 성인발레와 현대무용 등 접하기 쉬운 다양한 경험 분야로 확대되고 있다. 대중적인 춤인 사교댄스, 방송 댄스, 재즈댄스, 살사댄스, 발리댄스, 아이돌 댄스 등 다양한 춤의 영역으로 확대되며 많은 사람이 이를 경험하게 된다. 춤은 어느덧 대중문화로 자리 잡아가고 있다. 현시대는 대중과 고급예술에 대한 이분법적 해석에서 벗어나 확장된 사용 가능성을 가지고 춤의 가치를 확립시키고 있다.

[그림 8-1] 발레

출처: https://blog.naver.com/chooparkchoo/222597815819

[그림 8-2] 현대무용

출처: https://www.yna.co.kr/view/AKR20190328160200005

운동은 목적을 가진 움직임이라는 점에서 춤과 유사하나 춤과 다르게 운동의 목적은 대부분 수련과 개선이다. 수련은 몸의 규범, 이상적인 몸, 몸의 실행에 대한 관계를 마음과 연계하며 심리학적이고 존재론적인 의미까지 포함하고 있다. 운동의 움직임은 실천적인 경험을 통해 미적 경험을 탐구하는 몸으로 설명된다. 이는 운동을 위해 몸을 수련하는 의미로, 먼저 몸의 기능을 개선하고 지각과 사유를 계발하는 활동으로 몸의 의미를 포괄적으로 인지할 수 있다. 수련 활동은 인간의 내면을 들여다보게 하는 요가, 명상, 선, 형의 수련과 겨루기, 체조, 태도, 호신술 등과 같은 기법들이 나타나고 있다. 몸에 대한 훈련을 추구하는 미학적인 개념으로 감각적인 수행이라 할 수 있다. 수련의 진정한 의미는 몸을 인지하고 몸의 깨달음에 의해 얻어진 것으로 신체적 감각들에 대한 완성을 통해 개선이 필요한 것을 볼 수 있다. 이는 신체 활동을 수행함으로 생활로부터의 해방감, 생동감, 한계의 도전, 가능성 추구, 자아실현, 신체의 초월의식과 같은 체험을 하는 것이다. 운동을 위한 몸은 신체 활동을 통해 체득하는 감각들이 바르게 수행될 수 있도록 훈련하여 자신과 타인에 대한 인식능력을 습득하므로 서로 소통할 수 있는 것이다.

스포츠 대부분은 운동을 수행하기 위한 최적화된 몸이 요구되면서 훈련을 위해 생리학적이고 의학적인 부분으로 몸을 연구하며 발전해왔다. 스포츠 수행에 있어 몸은 활동을 위한 기능과 능력의 향상이란 관점에서 몸의 양적 대상으로 각인되었다. 생리학적 운동의 몸은 현대의 몸에 대한 시각적인 관심을 증대시키며 젊음과 건강, 아름다움에 관한 관심으로 그 가치를 표방하며 하나의 수단으로 주목받고 있다. 신체 활동의 주된 목적이 건강증진과 수련으로 드러나는 운동은 신체적인 자각을 통해 스스로 이해하고 동작을 습득하고 이를 행동으로 옮기는 것을 중요하게 생각한다. 이는 의식이 내재한 신체로, 몸과 의식이 어우러진 실체적인 신체 활동을 의미한다. 이것은 스포츠 체험 및 체험적 차원의 운동이 근본적인 가치로 의미가 있다고 볼 수 있다.

운동은 경쟁하며 승자와 패자를 가르는 사회적 신체 활동이나, 그 근본은 자신과 겨루기이다. 이에 현시대의 운동은 겨루어 승부를 내는 것에서 벗어나 대상화된 자신의 몸을 먼저 이해하고 이에 적합하게 만들어 주체적인 몸으로서 자신을 확보하는 것을 중요하게 생각한다. 이에 신체 활동의 방향이 변모하며 현시대의 운동은 인간의 삶의 질을 올리기 위한 몸의 훈련으로 다이어트 프로그램, 보디빌딩, 에어로빅, 등의 다양한 실천적 신체 활동이 나타나고 있다.

[그림 8-3] 태권도 품새

출처: https://blog.naver.com/kukkiwonblog/222589735718

[그림 8-4] 택견

출처: https://www.yna.co.kr/view/AKR20190328160200005

2 움직임을 통한 몸의 경험 가치

현시대의 몸은 시각적인 면을 중시하는 사회적 흐름과 인간의 내적인 의식과 외적인 몸의 통합적인 조화를 추구하는 경향으로 인해 몸의 중요성은 미적 체험으로 이어지며 나타나고 있다. 몸은 건강하므로 자신 있게 자아를 드러낼 수 있고, 드러냄을 통해 몸과 마음의 총체적인 에너지를 만들 수 있기 때문이다. 이처럼 움직임을 통한 몸의 아름다움은 살아있는 경험으로 예술로서 생생한 미적 경험을 하는 것이다. 이러한 미적 경험은 예술적 범주에 국한되지 않고 윤리적이고 교육적인 영역까지 넓혀지는 것으로 삶과 예술의 합체로서 통합적이고 실질적인 관점의 토대를 이룬다. 그러므로 춤의 형식인 안무와 공연, 이를 관람하여 느끼는 감상과 더불어 나타나는 예술적 소통까지 전부 실제적인 경험과 의미로 이해해야 한다.

특정한 목적을 두고 이루어지는 움직임은 몸의 변화를 동반하는 경험이 나타난다. 이때, 미적인 경험의 주체이자 미적인 삶을 추구하는 몸을 주목해야 한다. 몸은 물리적이고 의식과는 다른 비하된 형체로 경시되었으나 현시대는 몸을 통한 의식적 발현과 경험의 중요성을 강조하며 중시하고 있다. 여기서 경험은 철저하게 몸을 통해 이루어지는 사건으로, 오늘날 생활방식의 중심에 몸의 아름다움에 대한 집착적 활동으로 설명할 수 있다. 이는 몸을 중심으로 무용, 댄스, 운동 등과 연관성을 가지고 있으며 움직임을 통한 몸의 실천적인 결과물의 표현으로 몸의 자기 개선을 추구하는 미적 욕구의 삶으로 설명할 수 있다. 이는 몸의 아름다움을 위한 노력으로 이해되며 몸을 통한 움직임의 모든 신체 활동은 몸의 자기 개선을 위한 경험으로 나타나고 있다.

일상 속에서 경험되는 미적 가치는 일상의 움직임을 통한 몸의 경험에 대해 긍정적인 반응으로 나타나는데, 움직임을 통한 몸의 경험에서 미적인 재현과 몸의 개선에 이르는 다양한 결과를 실천하게 되므로 그 의미가 부여되고 있다. 이는 일상에서 이루어지는 다양한 무용 프로그램과 강좌, 대중적인 춤의 다양한 강좌, 다이어트 프로그램 등의 경험 분야로 확대되며 삶의 예술로서 소통하며 그 가치를 기대할 수 있다. 신체를 통한 움직임은 자기표현의 수단으로 중요시하는 무용, 기능의 개선을 위한 활동인 스포츠에 있어서 비언어적 수단으로 몸의 표현은 중요한 활동이다. 대중적인 즐거움과 관심의 대상인 춤을 통한 다양한 신체 활동은 생생한 미학적 경험과 실천적 움직임이다. 춤이나 운동을 통한 움직임의 경험은 몸의 외적인 아름다움을 가꿀 수 있는 계기이며 또한, 내적 경험으로 미적 감성이 드러나며 우리 몸을 더욱 느낄 수 있는 것이다. 몸의 인식과 몸의 배려를 위해 실천적인 행동의 결과로 건강을 증진할 수 있다. 이는 실천적인 경험 가치로 순수예술의 경계를 넘어서 일상적인 삶에서 미적인 기쁨을 경험하는 것으로 이는 실천적이고 경험적인 예술이다. 몸은 개인의 일상생활뿐만 아니라 사회 전반에 중요한 관심의 대상으로 자리 잡아 가고 있다. 일상적이든 철학적인 삶이든, 인간은 살아있는 몸을 통해 사람을 인식하고 이해하며, 몸을 통해 삶의 예술로서 그 경험 가치를 인식할 수 있게 된다.

:: 관조적 몸

실질적인 몸의 경험은 과정을 통해 나타나는데 이는 타인과의 소통이다. 몸을 통해 전달하는 의미는 타인에게 마치 같은 경험을 하는 것과 같은 것으로 그들의 몸이 반응하는 것이다. 여기서 관람을 위한 몸으로 다양한 활동이 있다. 춤과 같은 목적을 가진 움직임을 통해 보이는 몸뿐만 아니라 보디페인팅이나 아트 퍼포먼스와 같이 개인의 예술적인 활동을 통해 관람자들은 자신이 직접 경험하지 않고도 감성적인 몸을 들여다볼 수 있다.

1 보디페인팅

보디페인팅은 인체를 공간화하여 이미지를 직접적인 방법으로 작품화하는 것으로 즉 몸에 물감을 묻혀 행해지는 예술로 시대의 문화적 흐름이 반영되고, 작가의 의도에 따라 그 시대의 모습을 짐작하여 느낄 수 있다. 보디페인팅의 기원은 메이크업의 기원과 맥을 같이 하며 한 가지로 설명할 수는 없다. 인간은 수천 년 전부터 삶과 죽음을 향한 존엄성과 생활방식을 벽화에 기록해 온 것으로, 생명력이 느껴지는 작품을 통해 언어가 없던 시대부터 몸에 표현된 이미지를 예측하는 것이다. 따라서 그 시대의 생각이 전달되어 이어져 오고 있는 몸의 표현방식이 보디페인팅인 것이다. 이는 보는 이에 따라 서로 다는 해석이 있을 수 있으나 그것은 순수성으로 작가의 개인적 의도와는 상관없는 수용자의 감상 권리이다. 그 표현 방법에 따라 보디페인팅은 인간의 내면 관계를 느낄 수 있는 동시에 그들의 사회적인 문화형식에서 창조성을 찾을 수 있다. 보디페인팅의 가장 중요한 것은 '어떤 방법으로 전달할 것인가?'이다. 보디페인팅은 단순하게 그리는 작업에 머물지 않고 퍼포먼스와 매우 밀접한 관계가 있다. 때문에, 결과물의 세밀한 표현에 치우치게 되면 작품의 의도와 다르게 해석되는 일도 있다. 작품의 주제와 무대의 조명등 다양한 조건에 따라서 재료와 다양한 오브제를 사용한다. 퍼포먼스에 비중이 큰 경우 무용이나 운동을 전공한 모델을 섭외하여 작품을 만든다. 그래야 자연스러운 동작으로 작가가 전하고자 하는 메시지를 더욱 잘 전달되기 때문이다.

1970년대 화가 디아코노프(Diakonoff)의 주도로 시작된 보디페인팅은 얼굴과 신체를 입체적인 생명력이 느껴지는 이미지로 바꾸어 놓았다. 작가의 상상력을 더하여 그려진 신체는 표범으로 돌이 쌓인 성의 담벼락으로, 다양한 정물화의 모습으로 변했다. 이후 보디페인팅의 영역은 완전히 독자적인 예술이 되었고 더 다양한 재료와 방법으로 작품을 차별화시키는 것이 관건이 되었다.

■ 전통문화 속의 보디페인팅

• 선사시대 타 미라

선사시대는 기록으로 남아 있지 않은 역사라고 하였으나 2008년 고고학자들의 연구에서 스페인 알타미라 벽화는 2만 년 전에 만들기 시작하였을 것으로 짐작하였다. 2012년 다시 발표된 연구에서 1만 년이라는 시간의 간격도 있다는 것을 확인했다고 한다. 이 동굴에서 실제로 인간들은 대대로 생활하며 벽화를 만든 것이다. 벽화의 동물들은 매우 역동적인 모습과 붉은 색채로 표현되었고, 벽화 중 [그림 8-5]의 손 모양은 한 손은 긍정, 그리고 다른 한 손은 부정의 의미를 뜻한다고 한다. 이 손 모양의 이미지를 보디페인팅 퍼포먼스로 표현한 작품 [그림 8-6]이다.

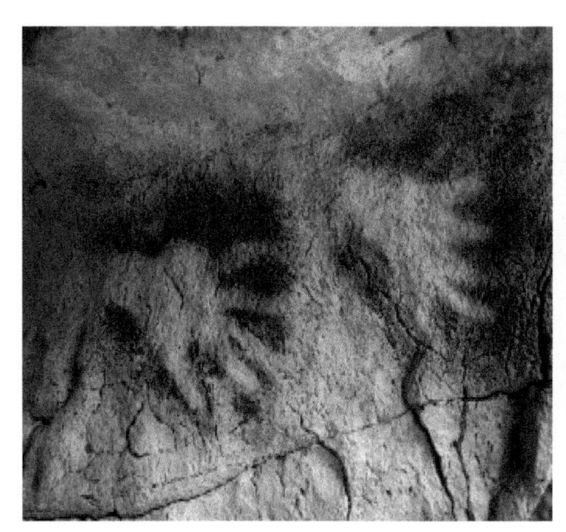

[그림 8-5] 스페인 알타미라 동굴벽화

출처: https://blog.naver.com/jrkimceo/ 222261995466

[그림 8-6] 전통문화 재현

출처: Bringing Bodypainting to Life
Printed in Austria by Kreiner Druck 2008

• 고대벽화와 보디페인팅

보디페인팅은 위에서 언급한 것과 같이 세계적으로 시기를 예측할 수 없는 아주 오래된 역사가 있다. 하지만 고대로 접어들면 벽화의 다양하고 많은 그림을 접할 수 있다. 보디페인팅은 실질적으로 자연에서 얻어지는 재료를 사용하여 물감을 만들어 치료(종교의식)의 목적으로 사용하였고, 더운 곳의 사람들은 뜨거운 태양과 곤충들로부터 피부를 보호하기 위한 수단으로도 이용되었다.

[그림 8-7] 기원전 7천 년~ 6천 년 경 고대인의 동굴벽화

출처:FACES IN MAKE UP(청구문화사)

[그림 8-8] 아프리카 부족민의 치장

출처: Bringing Bodypainting to Life
Printed in Austria by Kreiner Druck 2008

• 아프리카와 보디페인팅

현대 문명이 발달했지만, 아직도 아프리카인들은 흙을 이용한 화장품을 바르고 자연에서 얻어지는 재료들로 치장하고 있다. 아프리카에는 다양한 소수민족들이 살아가고 있으며 이들은 자신들의 전통방식을 이어오는 삶에 만족해한다. 이들의 보디페인팅은 다양한 목적과 표현들이 존재하며, 이들의 보디페인팅은 알타미라 속 [그림 8-5]와 고대인의 동굴벽화 [그림 8-7]의 이미지가 연상된다. 아프리카 소수민족의 치장하는 과정은 매우 진지하며 남성들 [그림 8-9]는 서로 페인팅해 주기도 한다. 단순한 표현이 아닌 전통에 따른 패턴과 채색에도 의미가 있다고 한다. [그림 8-10]은 이들의 재료로 재현한 작품이다. 이 밖의 시대에도 보디페인팅은 다양하게 찾을 수 있으나 뷰티메이크업의 분야와 맥을 함께 하므로 〈표 8-1〉로 정리한다.

[그림 8-9] 아프리카 부족민의 치장

출처: Bringing Bodypainting to Life
Printed in Austria by Kreiner Druck 2008

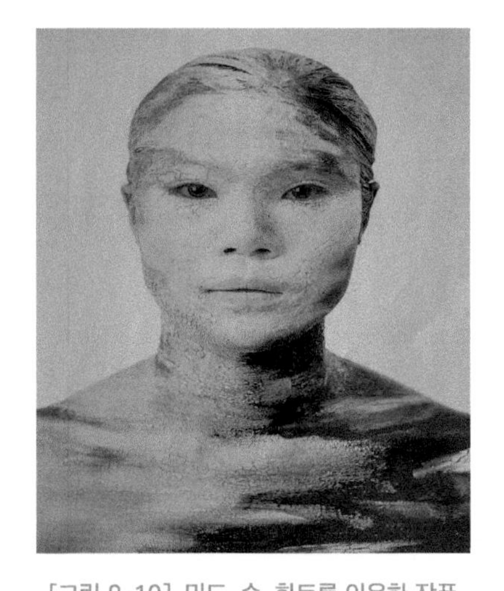

[그림 8-10] 머드, 숯, 황토를 이용한 작품

출처: The Art of Makeup(형설출판사)

보디페인팅의 시대별 특징과 재료

시대별	특징	재료
원시	종교의식(주술적), 신분 표현, 전쟁 시 위장과 용맹의 수단	진흙 등 자연에서 얻어지는 재료(광물)로 물감을 만들어 사용했을 것으로 추측
고대	색채를 통한 신과의 연관 관계를 믿어 질병과 재난 등 악령에 대비했다. 신체에 채색하여 현세와 내세를 이어 준다고 믿음	콜(kohl)(흑탄), 헤나 등 자연에서 얻어지는 재료(광물).
근대	유럽에서는 보디페인팅보다 의상과 헤어, 메이크업 발달. 아프리카는 부족 간의 표시, 부족 속의 계급 표시. 아시아에서 중국은 경극, 일본의 경우 종교적 목적으로 쓰임	아프리카: 고대보다 화려하고 다양한 문양 사용, 화려한 새의 깃털 장식, 동물 뼈 등 아시아: 정교한 줄무늬 및 점 패턴, 물감 사용. 유럽: 백납분 사용, 패치(patch) 유행
현대	문화적 예술의 다양한 방법 출현, 현대 미술 작가들에 의해 순수예술로 인정, 무용, 패션쇼, 광고에도 등장, 조명 등 다양한 종합예술로 변모.	보디페인팅용 수성과 유성 물감, 에어브러시 물감, 다양한 오브제 사용

■ 보디페인팅 기법

• **회화적 기법** Picturesque Technique

회화는 평면에 그려낸 조형미술을 뜻하며, 보디페인팅 작업에 주로 사용되는 방법이다. [그림 8-11]은 메이크업 재료 브랜드 크리오란의 가이드 작가 캐롤린 로퍼가 그린 동양화다. 방법은 캠퍼스에 그리는 것과 같게 모델의 몸에 스케치 후 배경색을 칠하고, 주조 색이 될 컬러를 정하여 작업한다. 다양한 회화적 요소 중 자연물의 대상을 형상화해 주제의 전달이 쉽다. 원하는 컬러의 모든 색을 자유롭게 사용할 수 있어 작가의 의도에 맞는 작품이 된다.

• **그래픽적 기법** Graphic Technique

그래픽은 도형이나 미디어의 다양한 시각적인 이미지를 뜻하는 것으로, 기하학적이고 추상적인 주제로 컴퓨터에 사용되는 이미지 등의 형상을 알 수 없게 표현하기도 한다. 다양한 도구를 사용하여 표현하기도 하며 흑백의 불규칙한 선이나 색의 배열 등 규칙과 불규칙이 모여 작품이 표현된다. [그림 8-12]의 바이오닉스는 인체가 기계처럼 정밀한 구조로 되어있는 것을 작품으로 생체 동작을 모방하여 제작하였다고 한다.

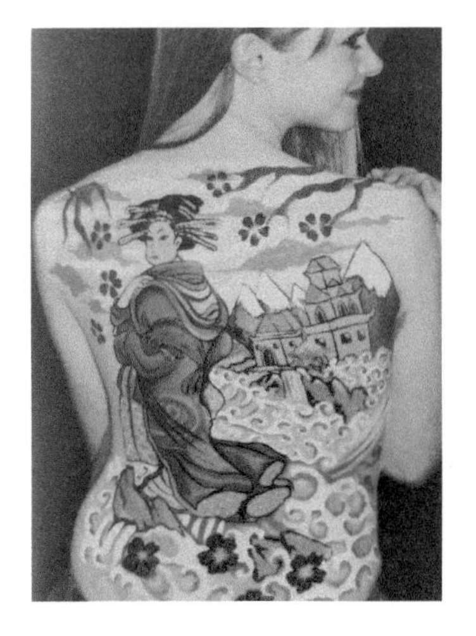

[그림 8-11] Carolyn Roper '동양화'

출처: Bringing Bodypainting to Life
Printed in Austria by Kreiner Druck 2008

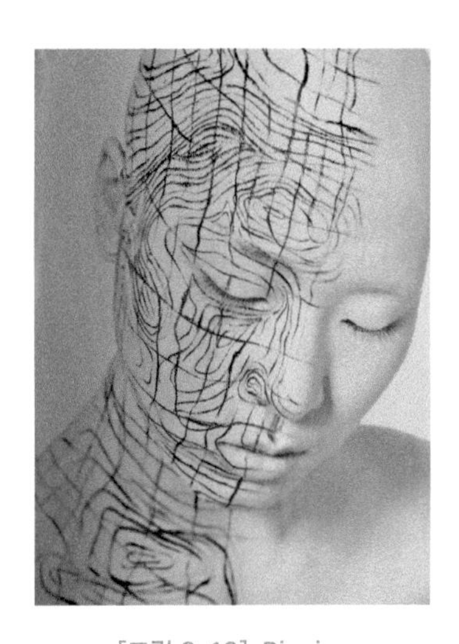

[그림 8-12] Bionics

출처: The Body Art (도도컴)

- **에어브러시 기법** Air Brush Technique

에어브러시 기법은 컴프레서의 공기 압력에 의해 분사되는 액체의 물감으로 채색되는 방법이다. 에어브러시가 없을 때는 입자크기가 다른 스펀지와 분무기를 사용하기도 하였으나 에어브러시가 출시되고 난 후에는 모두가 다양하게 사용하고 있다. 에어브러시에서 가장 어려운 것은 색상의 혼합이고 선을 표현하는 굵기, 밑그림을 입히기 위한 물의 농도 조절이다. 에어브러시 건의 사용법이 익숙해지면 정교한 그러데이션이 완성되며 작업시간이 단축되는 효과가 있다. [그림 8-13]의 작품은 스텐실을 사용하여 그러데이션의 명암을 현실적으로 묘사된 작품이다.

- **UV 형광물감과 블랙 라이트 기법** UV Luminous Technique

UV 형광물감을 사용하여 블랙 라이트(자외선)로 효과를 얻을 수 있는 기법으로, 블랙 라이트의 빛으로 매우 선명한 형광의 색상을 느낄 수 있다. [그림 8-14]의 대담하고 과감한 디자인으로 다양한 형광물감의 색채와 환상적인 연출 돋보이는 작품으로 검은색으로 그려진 부분은 배경색과 일치되어 보이지 않는 효과가 된다. 무대공연이나 쇼 형태에 퍼포먼스로 역동적인 작품으로 표현될 수 있다.

[그림 8-13] Udo Filon 'Lex Hulscher'

출처: Bringing Bodypainting to Life
Printed in Austria by Kreiner Druck 2008

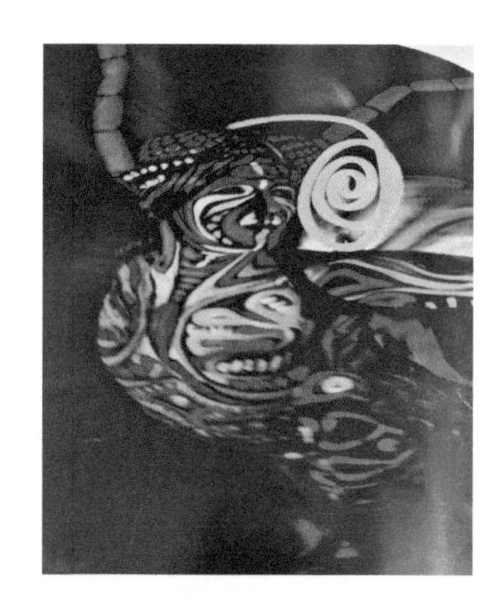

[그림 8-14] Agneiska Glinska 'Oswin Eder'

출처: Bringing Bodypainting to Life
Printed in Austria by Kreiner Druck 2008

- **특수분장 보디페인팅 기법** special effect Body painting Technique

특수분장 기법의 보디페인팅은 위에 언급된 모든 기법의 종합선물세트라고 할 수 있다. 브러시, 스펀지, 에어브러시 여기에 특수효과를 내기 위한 라텍스나 폼으로 오브제를 제작하여 부착한 작품으로 완성된다. 초창기의 특수효과는 회화적 기법과 그래픽적 기법의 혼합이었으나, 에어브러시와 3D의 오브제의 제작 환경이 발전하여 매우 정교한 특수분장이 완성되고 있다. [그림 8-15]는 2014년 대구 국제 보디페인팅 초대전에 작가 Matteo Arfanotti 의 Vegan Avenger 작품은 특수하게 제작한 조형물을 부착하여 작업하였다. [그림 8-16]은 곤충을 형상화한 중국의 모가평 아카데미에서 학생들의 작품 발표회에 올려진 보디페인팅 퍼포먼스 작품이다. 모가평은 컴퓨터 게임에서 작품의 영감을 얻는다고 했다. 그리고 보디페인팅 기법에 쓰인 재료는 〈표 8-2〉로 정리하였다.

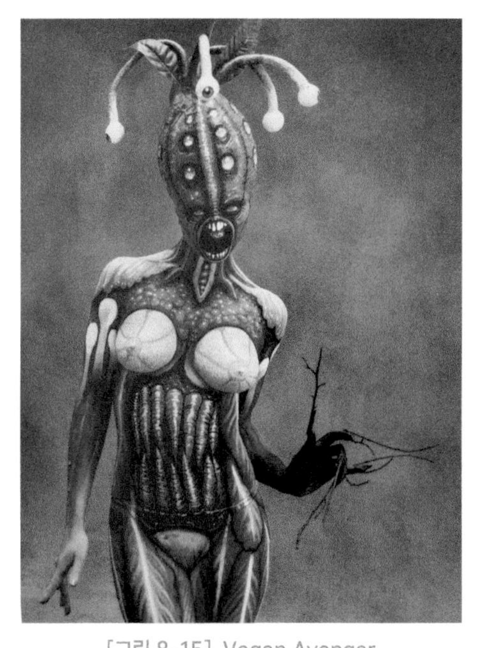

[그림 8-15] Vegan Avenger

출처: 제7회 대구 국제보디페인팅 페스티발 초대작가전
Matteo Arfanotti 작품

[그림 8-16] 중국 모가평 작품

출처: 2009년 모가평 아카데미
작품 발표회 작품

보디페인팅 물감 종류와 재료

재료	사용방법
수성 물감 (아쿠아 물감, 크림)	물과 함께 사용하는 수성 물감, 스펀지나 브러시를 사용하여 넓은 면을 칠할 때 사용된다. 수성이기 때문에 땀이 나거나 물이 닿으면 지워질 수 있고, 시간이 지나면 색이 옅어지므로 덧발라야 한다. 너무 두껍게 칠하면 갈라질 수 있다.
유성 물감 (오일 베이스, 라이닝 컬러)	오일이 성분이 함유되어 물이 필요하지 않다. 발색이 좋아 자연스러운 그러데이션 표현이 쉽다. 단, 오일 성분은 채색 후 번짐 현상을 조심해야 한다.
에어브러시 물감 (Air Brush)	에어브러시 건에 액체로 된 수성 물감을 주입하여 사용한다. 부드럽고 자연스러운 그러데이션이 가능하다. 시간이 지나면 색이 옅어지는 현상이 있다.
형광물감 (UV 물감, 야광물감)	형광을 띠고 발광 효과가 큰 수성 물감의 종류이다. UV 조명과 사용할 경우 환상적인 이미지 연출이 된다.
보조 재료	작품의 완성에 쓰이는 대표적 재료는 글리터 젤, 글리터, 비즈 와 다양한 속눈썹, 스팽글, 등 수많은 오브제가 있다. 작품에 어울리는 오브제를 사용하여 좋은 효과를 볼 수 있다.

■ 보디페인팅 퍼포먼스

위에서 언급한 보디페인팅의 기법을 활용한 작품을 무대에 퍼포먼스를 위해서는 작품의 특성에 따라 몸의 표현을 잘 할 수 있는 모델을 선택하는 것이 중요하다. 이는 드라마틱한 느낌을 자연스럽게 표현해야 보디페인팅 작품으로 또 다른 작품을 완성하는 사진작가들에게 다양한 영감을 줄 수 있고, 관중에게는 퍼포먼스를 즐길 수 있는 순간이 되기 때문이다. 끝으로 보디페인팅을 지울 때에는 베이비오일이 제일 좋으며 특수한 접착 물을 떼어내기 위해서는 메이크업 제품으로 나온 알코올을 쓰기도 한다.

2 아트 퍼포먼스

신체는 아름다움을 추구하는 단편적인 대상에 국한되지는 않으며, 신체를 바라보는 다양한 시각을 통해 현시대에는 예술적 도구로 존재한다. 여기서 현대 예술의 도구로 바라보는 몸과 그 몸을 다양한 관점으로 표출하는 퍼포먼스를 통해 몸의 예술적 경험과 표현을 살펴보자.

■ 인간의 몸에 대한 가치 변화를 표현

정보통신기술의 급격한 발달과 이에 따른 대중매체의 성장은 인간에게 ‘현대적인 야만성’을 초래하게 되었다. 대중매체를 통해 형성된 인체에 대한 ‘인식’과 ‘기호’의 변화는 인간에게 정서적 불안과 압박 등과 같은 부정적 감정을 유발하며 극단적 선택을 한다. 이에 현대 미술은 인체를 소재로 하여 대중매체로부터 형성된 몸에 대한 가치의 변화를 표현하는 시도를 한다. 이러한 시도 또한 인체를 활용하여 사회에 메시지를 전달하는 것에 속한다. 대표적으로 독일의 콜리어 쇼어(Collier Schorr)는 그의 작품 「정원에서」를 통해 성별에 따라 형성되는 인체에 대한 고정관념을 모호하게 만드는 한편, 몸에 대한 가치에 집중하는 메시지 전달하였다.

[그림 8-17] 콜리어 쇼어 정원에서(1996)

출처: https://m.blog.naver.com/PostView.naver?isHttpsRedirect=true&blogId=bomnal0407&logNo=220719819514&view=img_1

■ 몸의 아름다움을 규정하는 규범에 대한 저항을 표현

인간의 몸에 대한 가치의 변화를 표현하고자 한 시도와 같은 관점에서 전통적으로 '비례'에 기반을 둔 매력적인 인체의 아름다움을 추구해왔던 사회적 규범에 의문을 제시하는 예술적 활동은 다양한 형태로 존재한다. 특히, 인체는 고대 그리스 문명에서 강조되어왔던 조형예술의 황금비율에 대한 직접적인 비판을 나타내고 있으며, 이는 곧 현대 사회까지 이어진 인체의 비율과 관련한 사회적 규범에 대한 철저한 저항의식을 나타내는 것으로 해석된다.

[그림 8-18] 미디어가 만들어낸 매력적인 몸의 이미지에 대한 저항

출처: https://www.newyorker.com/culture/photo-booth/a-mexican-american-photographers-body-on-display-and-invisible

■ 인간의 몸을 통해 보이지 않는 새로운 존재를 표현

인체에 대한 내면의 가치에 집중할 수 있도록 하는 관점에서 예술에 인체를 활용한 작품도 존재한다. 구경숙의 2005년 작품 「보이지 않는」은 이를 대표하는 작품으로 볼 수 있다. 그녀는 해당 작품을 통해 생명의 신비로움과 성별 구분의 모호성을 표현하고자 하였으며, 인체를 통해 보이지 않는 정체성과 그 존재에 대한 새로운 탐색적 시각을 갖추기를 바라는 듯하다.

[그림 8-19] 구경숙의 보이지 않는(2005)

출처: https://blog.daum.net/wjche/14333252

■ 인간의 몸을 통해 사회의 현실과 현상을 상징적으로 표현

현대적 예술에서 인간의 몸은 사회의 부정적 현실을 간접적으로 표방하는데 가장 일반적으로 활용된다. 김재홍의 2004년 작품도 마찬가지이다. 그는 인간의 몸에 남겨진 상흔을 통해 일제 강점기의 강제징병과 한국전쟁의 참혹한 현실을 비판하는 메시지를 육체로 표현하고자 하였으며, 특히 남아있는 상흔은 남한과 북한의 이데올로기적 경계를 묘사하는 동시에 역사로부터 남아있는 지울 수 없는 상처를 표현하고 있다.

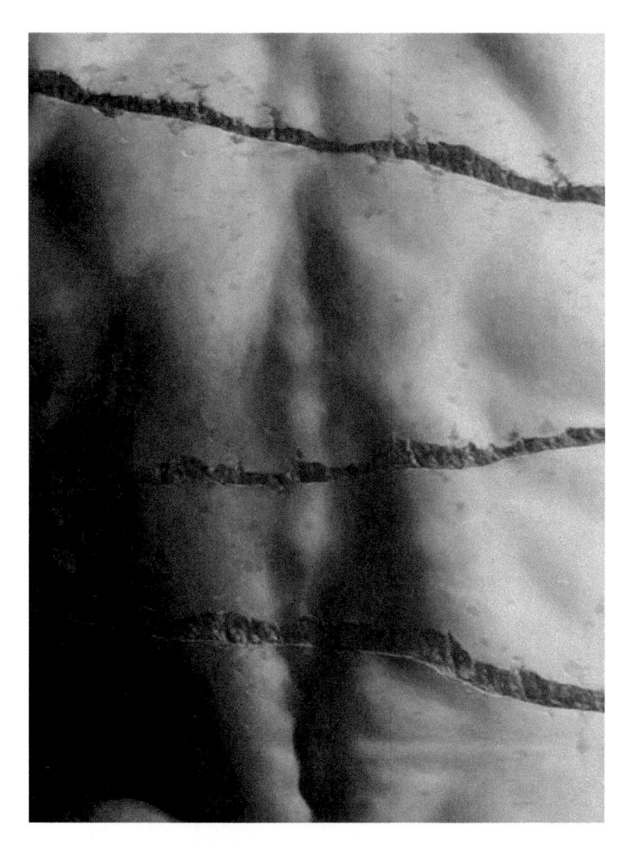

[그림 8-20] 한국의 이데올로기를 상징적으로 표현한 김재홍의 작품

출처: https://blog.daum.net/wjche/14333252

■ 인간의 몸을 도구나 매체의 한 요소로 표현

인간은 육체적이고 본능적인 동물이며, 민감한 촉각을 지닌 존재이다. 이러한 신체적 특성은 현대 미술의 예술가들에게는 좋은 예술적 소재가 된다. 예술가들은 우리의 몸을 하나의 예술적 도구로 삼기도 하며, 몸에서부터 산출된 부산물을 예술적 매체로 사용하기도 한다.

앤 윌슨(Anne Wilson)과 아드리안 파이퍼(Adrian Piper)는 인간의 몸을 도구나 매체의 요소로 표현하는데 탁월한 예술가들이다. 앤 윌슨은 사람의 머리카락을 테이블보에 수놓는 작품을 만들었으며, 아드리안 파이퍼는 그의 작품 「나는 어떻게 될 것인가」의 주요 소재로 자신의 몸에서 나온 부산물인 머리카락과 손톱, 각질 등을 꿀통에 모아 전시하는 설치미술을 선보였다.

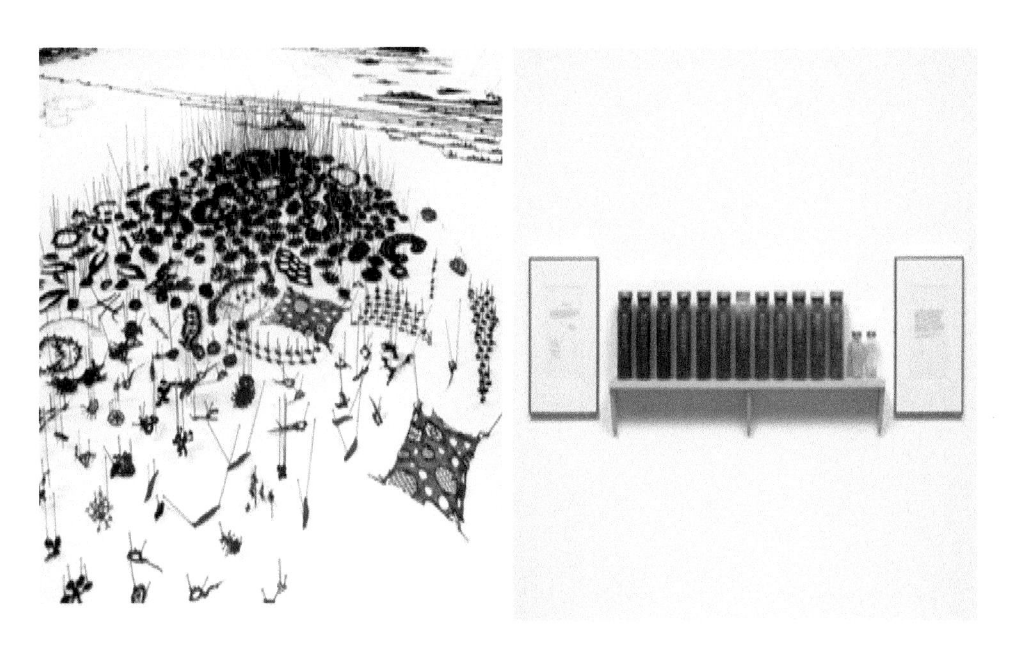

[그림 8-21] 앤 윌슨과 아드리안 파이퍼의 인체를 소재로 한 작품

출처: https://m.blog.naver.com/PostView.naver?isHttpsRedirect=true&blogId=tiger6107&logNo=220983453010&view=img_4
https://m.blog.naver.com/PostView.naver?isHttpsRedirect=true&blogId=tiger6107&logNo=220983453010&view=img_5

CHAPTER

9

몸의 미래

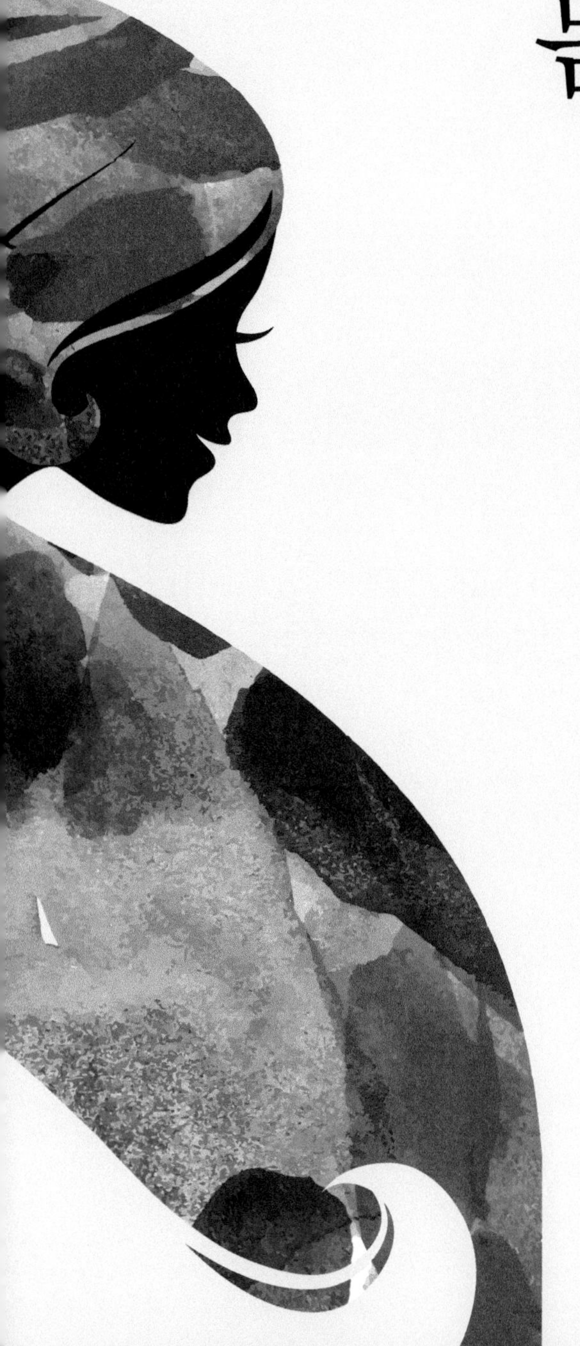

포스트 휴머니즘 | 트랜스 휴먼 | 내추럴 휴먼

예술작품 속에 표현된 아름다운 여인들의 몸은 언제나 작은 얼굴에 긴 다리 숫자적인 비율의 몸을 지니고 있다. 19세기 이르러서야 이런 기준을 깨는 시도가 나타났으며 마네가 그린 '올랭피아'는 이전 그림들에 비하면 너무나 충격적인 그림이었다. 얼굴은 크고 다리와 몸의 비율은 고전주의에서 추구했던 관념적인 아름다움의 이상적 미(美) 하고는 거리가 멀었기 때문이다. 하지만 사람들은 올랭피아를 통해서 평범한 아름다움에 관심을 갖게 되었고, 예술을 추구하는 이들이 획일화된 기준을 탈피하는계기가 되었다. 오래된 영화 속 소머즈와 600만 달러의 사나이는 인간의 능력을 강화시켜 탄생한 인물들이다. 가상 속 인물이지만 이전에 인간이 상상했던 많은 허구의 것 중 현재의 몸은 아름다움을 추구하는 인간에게 실현하여 적용된 것이다. 몸의 미래에는 첨단 기술과학을 효과적으로 이용하여 인간의 역량을 확장하고 영구적인 변화를 실현하려 한다.

:: 포스트 휴머니즘 post humanism

후기 구조주의자들과 해체주의자들은 매우 빠르게 변화하는 휴머니즘(humanism)을 비판하며 포스트 휴머니즘 현상을 일으켰다. '포스트(post)'는 인간 이후의 인간을 표현하며 포스트휴머니즘은 우리 문화의 암묵적인 "포스트 인간 중심주의" 이념에서 생겨나는 낙관적인 관점과 과학기술의 비판적인 관점, 이 두 가지의 상반되는 의미를 가지고 있다.

포스트 휴머니즘은 자유주의 휴머니즘이 진화한 형태로 낙관적인 포스트 휴머니즘을 트랜스 휴머니즘이라고 한다. 그리고 자유주의 휴머니즘은 존재의 근본 전제를 비판적으로 해체하여 극복하려는 비판적 포스트 휴머니즘으로 구분이 가능하다.

1 낙관적 포스트 휴머니즘

낙관적 포스트 휴머니즘은 인간의 경계를 벗어난 서로 다른 요소의 뒤섞음이다. 인간과 여타 비인간적인 것들, 기술과 사물 등 사이에 가로놓인 모든 기준의 한계를 해체한다. 포스트 휴머니즘 관점에서 인간이란 사물들과 복잡하게 얽혀있는 혼합체일 뿐이다. 인간 개념의 이러한 불완전 적이고 상호 연결됨의 변수나 요소를 정리한 포스트 휴머니즘은 전통 휴머니즘과 반대편에 선다. 이런 의미에 포스트 휴머니즘이 말하는 몸의 미래에 대한 논의가 긍정적이든 부정적이든 “인체인가 기계인가의 탈 경계화”를 내포한다. 1977년 최초로 ‘포스트휴머니즘’을 비판적으로 사용하기 시작한 이합 핫산은 인간을 기계화시킨 사이보그로 하고, 광범위하게 퍼지는 ‘기술문화’ 가 인간에게 스며들어 변화되는 것을 포스트 휴머니즘, 이러한 인간을 포스트 휴먼이라 했다.

■ 사이보그(Cyborg

사이보그는 1960년 9월 미국컴퓨터 기술자인 맨프레드 클라인스와 정신과 의사인 네이선 클라인의 논문에서 공식적으로 사이보그란 용어가 등장했으나 이전의 과학소설(science fiction)과 영화 및 애니메이션에서 이미 등장하고 있다. 최초의 SF영화는 1902년 조르주 멜리에스(Georges Méliès)가 제작한 달나라 여행이다. 이 영화는 소설가 쥘 베른(Jules Verne)의 ‘지구에서 달까지’ 흑백의 무성영화로 만들어졌다. 움직이는 영상을 생소하게 보던 시대의 카메라의 특수효과와 편집기술은 획기적인 일이었다. 마가렛 타랏(Margaret Tarratt)은 SF영화는 정신분석학적 견해에서 과학기술에 대한 걱정을 반영한 것이 아니라 인간의 본성에 대한 연구라는 의견을 내기도 했다. 2008년에 개봉한 영화 아이언맨에 나오는 토니 스타

[그림 9-1] 영화 ‘달나라 여행’

출처: https://movie.naver.com/movie/bi/mi/basic.naver?code=10653

[그림 9-2] 영화 ‘아이언맨’

출처: 20세기 폭스코리아(주)

크(로버트 다우니 주니어)는 악당의 공격으로 치명적인 상처로 죽을 수도 있던 토니의 심장에 작은 원자로를 넣어 아이언맨이 탄생한 후 10년이 넘는 시간동안 아이언맨은 이어져 오고 있다.

■ 3D 프린팅 3 dimensional printing

3D 프린팅 기술은 1984년 찰스 헐(Charles Hull)에서 최초 발명하여 1986년 특허권을 획득하였으나 2014년 특허가 만료되었다. 이후 2014년에 설립된 영국 오픈 바이오닉스는(Open Bionics)는 4년간의 연구와 개발 끝에 2018년 '히어로 암(Hero Arm)'을 만들었다. 히어로 암은 생체의수로, 8kg까지 들 수 있으며 근육이 생성하는 전기를 이용하여 인공 팔을 움직여 물건을 잡을 수 있다고 한다. 3D 프린팅은 컴퓨터 공간에서 입체적 좌표계의 그림을 구축하여 프린터로 입체도형을 차곡차곡 쌓아 인쇄하는 것이다. 프린터 안에는 나일론이나 플라스틱, 금속 등 다양한 소재의 재료가 들어가 있어 입체적 형태를 만들 수 있다. 또한 2014년 런던에서 올해의 패션 디자이너 상은 노아라비브(Noa Raviv)가 수상했다. 작품 '하드카피'는 가상공간에 존재하는 기하학적 패턴을 3D 프린팅으로 나타낸 것이며 2016년에 메트로폴리탄과 보스턴 전시까지 스타 디자이너가 되었다.

[그림 9-3] 3D프린팅 팔

출처: http://www.viva100.com/main/view.php?key=20210309010002455

[그림 9-4] 노아라비브 3D프린팅 패션

출처: https://news.naver.com/main/read.naver?oid=081&aid=0002692606

2 비판적 포스트 휴머니즘

비판적 포스트 휴머니즘은 인간은 기술과 관련이 없다고 하며, 인간의 몸은 "역사적 진화론 구성체"임을 주장한다. 하지만 포스트 휴머니즘은 기술이 인간을 구성하는 일부일 수 있어야 한다고 보고 오늘날 전통 휴머니즘이 위기에 처했을 때 도움을 준 것은 진화된 기술발전이라 할 수 있다.

인간 중심적이고 낙관적인 포스트 휴머니즘은 과학기술을 통한 인간 향상을 적극 추구한다. 반면에 비판적 포스트 휴머니즘은 AI와 같은 자본주의와의 결합이 각종 부작용과 위험을 상존하고 있음에 시각을 둔 관점이다.

■ 비판적 포스트 휴머니즘과 AI

2014년에 개봉한 영화 '트랜센던스' 주인공 윌(조니뎁)은 슈퍼컴퓨터의 완성을 앞두고 반 과학단체(RIFT)에게 공격받았다. 사망한 윌의 뇌를 컴퓨터에 연결해 부활시킨 AI, 인간은 인류를 초월한 AI를 두려워하고 감당할 수 없어 파괴한다는 내용의 영화이다. 이들은 새로운 기술의 매력을 증가시키거나 매체들 간의 혼종 또는 첨단과학 기술의 창조물이 잘못 활용될 경우 돌이킬 수 없는 잘못이 될 것을 우려한다. 몸의 미래가 '기술 과잉'으로 강화되는 것을 트랜스 휴머니즘으로 설명하기에는 너무 '단순'하다. 그것은 더욱 확장된 가상으로 이루어지는 것이다. 그러므로 비판적 관점은 기술-문화적 도전을 수용해야 하고 장기적으로 미래와 과거까지 폭넓게 생각해야 한다. 이것은 기술에 대한 '배타적 비판'이 아니라 인체와 기계, 인체와 동물, 자연과 문화, 정신과 자연과 같은 근원적 대립을 해체하고 인간과 기술의 논리적 연결을 생각하는 것이 중요하다. 이러한 의미에서 근대 학문은 해체 단계에 있으면서도 항상 존재하는 것이고, 문화적으로나 경제적으로 재구축되는 단계에 있다.

■■ 트렌스 휴먼 Trans humanism

트랜스 휴먼은 인간 존재를 넘어서는 정신과 육체적으로 개선된 것을 의미한다. '인류의 미래'(The Future of Mankind)에서 테야르 드 샤르댕(Pierre Teilhard be Chardin.1949)이 처음 트랜스 휴먼을 언급하였고, 이후 미국 미래학자 에스판디아리(Fereidoun M. Esfandiary)가 사용한 것에서 비롯된다. 과학기술의 발달로 실리콘, 인공보철물, 마이크로 칩 등 몸의 한계를 극복하려는 노력이 실현된 인간이 트랜스 휴먼이다. 프란시스 후쿠야마(Francis Fukuyama)는 트랜스 휴머니즘이 공상과학을 심각하게 받아들인 문화 집단이라 할 수도 있겠지만, 현재 의료생명 분야의 많은 연구는 암묵적으로 트랜스 휴머니즘을 전제하고 있음을 지적한다. 그리고 "현재의 인간은 발전 초기 단계"라고 말하는 보스트롬(Bostrom)은 트랜스 휴머니즘의 전도사를 자처하며 인간의 몸에 미래 조건을 근본적으로 개선할 수 있다고 주장한다.

1 경계의 해체

인간은 오래전부터 관습적으로 아름다움을 비례와 조화에 집중한다. 이는 그리스 고전시대 이후 미와 비례가 동일시되었기 때문이며 르네상스 이래 근대 시대가 고전적인 비례 미로 몸을 구성하던 시대였다면 탈근대는 수많은 다양한 방법으로 몸의 아름다움에 관념을 급진적으로 해체하고 있다.

몸의 해체는 인체의 통일성에 대한 반항이며 몸의 각 부분들은 절단된 후 재구성하여 이미지화한다. 서로 다른 두 가지 이상의 요소들을 한곳에 설치하는 방법으로 이질적인 형태를 조합시켜 고정된 이미지가 변화되고 새로운 탄생을 자연스럽게 제공한다. 또한 해체된 몸에 대한 평가는 대부분 타인의 시선에서 또는 타인의 관념으로 평가되고 해체되어 재구성된다. 그 타인들 역시 누군가의 또 다른 시선과 담화에서 자유로울 수 없지만 이러한 사회적 관계 속에서 인간은 날마다, 매 순간 해체되어 탄생을 반복한다. 특히 예술에서의 해체는 표현과 주제에 따라 새로이 수용하는 자들의 작품에서 자유롭게 감상할 수 있도록 하는 것이며 해체를 통한 재구성은 예술에서 새롭게 창작되는 것이다.

■ 예술로 보는 해체

• **한국디지털 아트 아카데미전에서 외국 작품 유리 2011**

'유리'는 해체를 통해 재구성된 디지털 미디어로 종이의 구겨짐이 느껴지는 균열,

교차, 오그라짐 등의 이미지를 적용한 전형적 비표상 작품이다. 비표상의 모든 형태는 해체를 통하여 분해되고 다르게 조합되는 조형의 원리와 규칙이 없는 작품의 주제 '유리'의 깨진 것을 재구성한 것이다. '유리'는 데리다의 해체를 통한 차연(differance: 차이·지연)이 생각나는 '비표상 꼴라쥬'로 휴지통 속에 구겨져 버려진 종이를 보는 듯한 작품이다. 이러한 비표상 작품은 수용자의 생각에서 만들어지는 것으로 작가의 의도와 다르게 작품을 보는 각자의 생각이 모두 다를 수 있는 것이다. 디지털 미디어 기술은 사회 전반에 예술 분야까지 '유리' 작품처럼 확대되어 현실감 있는 이미지를 만들고 실재와 허상의 밀접한 관계를 만들어내고 기존의 한계를 극복한 기법 그 이상의 가능성을 제시하고 있다.

- 아비뇽의 처녀들

피카소(Pablo Picasso 1881-1973) 작품인 '아비뇽의 처녀들'은 바르셀로나의 몸 파는 여인을 모티브로 하였다. 그림 속 여인들은 문명사회에서 소외된 계층으로 여인의 얼굴은 아프리카 원시 가면의 영향을 받았고, 우측 아래 등을 보이고 있는 여인은 몸의 구조상 보일 수 없는 구도이나 작가에 의해 해체와 새로운 구성이라는 과정을 거쳐 만들어진 얼굴형이다. 이 여인의 얼굴은 측면과 정면이 공존하고

[그림 9-5] 한국디지털아트 아카데미전 외국작가 '유리' 2011

출처:김성운. 2012.『현대 디지털 아트의 비표상에 대한 해체미학적 연구』. 서울과학기술대학교 대학원 박사학위논문. p. 71.

[그림 9-6] 피카소 '아비뇽의 처녀들'

출처:Lomas D. 1993. "A canon of deformity: Les Demoiselles d'Avignon and physical anthropology". 『Art History』. 16(3). pp. 424-446.

있는 것으로 보아 정면과 측면을 혼합하여 창작했다 할 수 있다. 이 작품은 여인의 몸을 해체하고 재구성한 것으로 당시에 개혁이라는 비평을 받은 작품이다.

■ 미디어와의 결합

인간의 얼굴을 컴퓨터로 다양한 상상력을 반영한 작품이다. 예전에는 포토그래퍼가 인물사진을 찍어 불필요한 것을 지우고 얼굴의 잡티 정도의 수정을 수작업을 했었다. 당대는 사실적인 수작업을 작품의 최고로 보는 시기가 있었기 때문이다. 하지만 지금 디지털 시대 컴퓨터의 다양한 기술을 사용한 CG로 만들지 못하는 이미지가 없다. 이러한 디지털 디자인은 뉴미디어아트의 예술로 현대미술의 한 장르로 자리하였으며 디지털 예술로서 해체와 재구성을 자유롭게 상상력을 확장하여 결합할 수 있는 예술의 촉매로 활용되고 있다. 이렇게 만들어진 이미지는 차용과 결합이라는 주도적 기법이 가능한 특징이 있다.

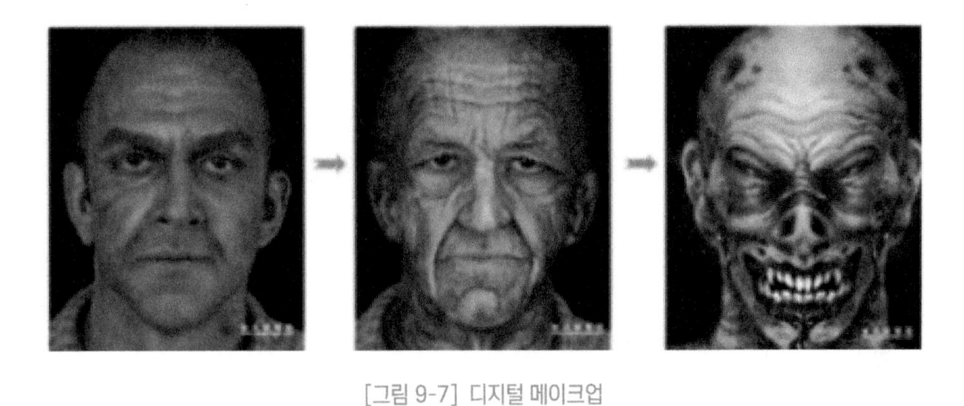

[그림 9-7] 디지털 메이크업

2012.11.02..http://newsbridgei.com/cgi/uboard/bbs/board.php?bo_table=comment&wr_id=269

2 기술적 변형

영국의 고스족(Goth Tribe)은 사회에 반항적인 젊은이들 문화로 죽음을 연상하게 하는 괴기한 분위기의 이미지를 말한다. 역사적으로 볼 때 1960년대와 70년대 사회에 반항에 의미로 '신체 예술(Body Art)' 운동이 생겨난 후에 빠르고 노골적인 표현으로 스킨아트(문신)는 몸을 재료와 대상으로 하여 예술적 활동을 시작했다. 이러한 예술은 비례와 조화 그리고 통일성에서 아름다움을 찾는 관습을 거부하고 경계 해체를 통해 몸의 새로운 미(美)를 재구성하였고, 이를 보는 관념은 사회의 흐름과 함께 변해 왔다.

■ 스킨아트(문신) 기술

• 하이네 렉 Heine Braeck

그는 어릴 때 고압전선에 한쪽 팔을 잃고 우울증으로 소극적인 성격으로 살아가는 자신이 싫어서 극복하기 위해 고민하였다. 그리고 스킨아트 전문가를 찾아 스킨아트 기법으로 자신의 어깨를 돌고래의 모습으로 변형시켰다. 3시간 30분이나 걸린 작업의 시간을 그는 기다려 마침내 돌고래의 어깨를 얻게 되었고 자신만의 돌고래를 사랑하게 되었다고 한다. 그는 정상의 비율에서 상실된 팔을 기계의 결합이 아닌 스킨아트의 기법을 선택하였고 이것은 소실된 어깨의 모습에 돌고래가 합성되어 변형된 사례로 본다. 팔이 없는 하이네 브렉의 어깨의 형태를 스킨아트 전문가는 어깨에 돌고래의 입 모양과 일치하는 돌고래 입의 미소를 섬세하게 표현하였다.

• 마리아 호세 크리스테르나 Maria Jose Cristerna

스킨아트 애호가 베네수엘라(Venezuela)는 자녀 셋의 엄마로 직업은 변호사다. 그녀는 폭력적인 남편 앞에 위축되는 자신이 싫어 스킨아트를 시작했고 이후부터 남편 앞에 자신감이 생겼으며 자신이 전사가 된 것 같다고 한다. 그녀는 "여자 흡혈귀"라고 불리지만 그 별명이 좋으며 자신의 외모를 스킨아트 그리고 '신체변형'을 사랑한 결과라고 한다. 그녀의 몸은 거의 스킨아트로 덮여있고 이마에 보형물인 티타늄(titanium)을 넣고, 흡혈귀 이미지를 완성하기 위해 치과에서 임플란트(implant)로 송곳니를 만들었다. 여기에 피어싱(piercing)으로 눈썹피부를 뚫어 작은 고리 여러 개를 달고 코에도 귀와 입술까지 장식하여 흡혈귀의 이미지를 완성했다. 그녀의 몸은 매우 일반적이지 않게 변형되었지만, 그녀가 상실한 자아의 정체성을 '여자흡혈귀'의 모습으로 자존감을 찾았다.

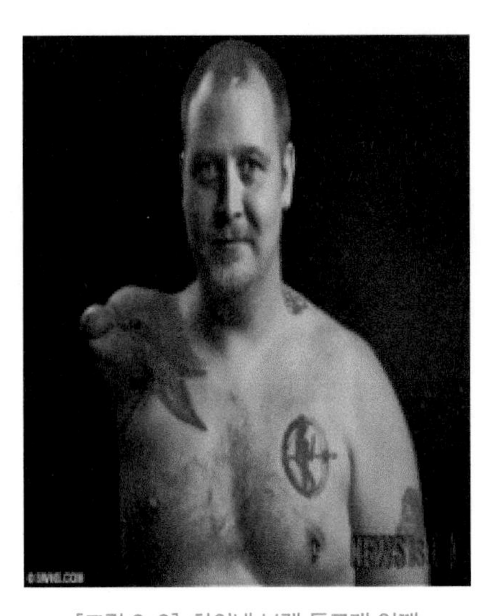

[그림 9-8] 하이네 브렉 돌고래 어깨

출처: http://isplus.live.joins.com/news/article/article.asp?total_id=6813239&ctg=1300&tm=i_lf

[그림 9-9] 마리아 호세 크리스테르나

출처: https://m.blog.naver.com/PostView.naver?isHttpsRedirect=true&blogId=wldojjang&logNo=149655333

3 기계화 변형의 확장

몸의 미래는 원형의 미에 공간적 창조 행위와 밀접한 영향을 주고 있다. 몸은 주어진 공간 속에서 대상과의 관계를 통한 인식의 확장은 새로운 세계를 만들어나간다. 인공보철'은 몸의 미래에 인공보철의 삶을 개념화하고자 하는 학자와 실천가들이 현대적인 신기술과 인간 몸의 결합하는 문제를 고찰하는 데서부터 시작되었다. 그 가운데서도 '인간 확장'을 주제로 미디어의 대표적인 예술가 스텔락을 꼽을 수 있다.

■ 스텔락의 진화

1982년에 행위예술을 보여주며 인간과 기계의 결합으로 확장된 새로운 과학기술을 보여주었다. 글씨를 제3의 팔과 함께 쓰는 퍼포먼스를 스텔락은 자신의 몸에 기계 팔을 확장시켜 몸의 움직임을 본인이 인식하는 진화의 연속선상이라고 했다. 스텔락은 "인간의 몸은 구식이다(The human body is obsolete)."라고 했고, 또한 2006년에 인공배양으로 만든 귀 형태의 '보형물'을 자신의 팔에 이식하여 '인공 귀'를 발표했다. 이 퍼포먼스에 귀를 이식해 줄 의사를 찾는데 10년 정도 걸렸다고 한다. 그의 작품에는 의학기술의 발전이 있었기에 가능한 것으로 세포배양 물질을 귀 모양으로 제작하여 그것을 자신의 팔에 이식했다.

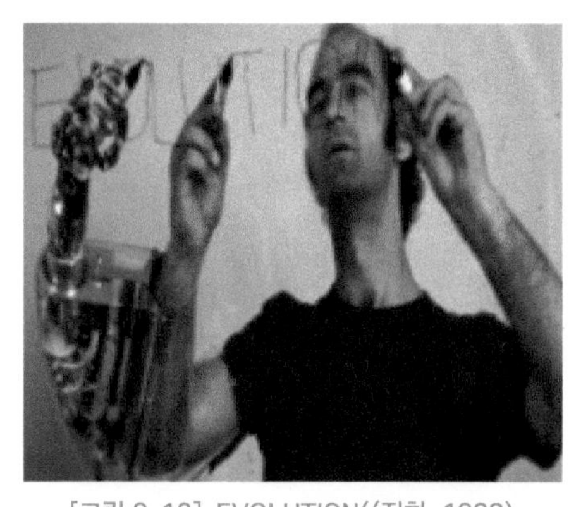

[그림 9-10] EVOLUTION((진화, 1982)

출처: https://m.blog.naver.com/PostView.naver?isHttpsRedirect=true&blogId=yikon&logNo=60142483042

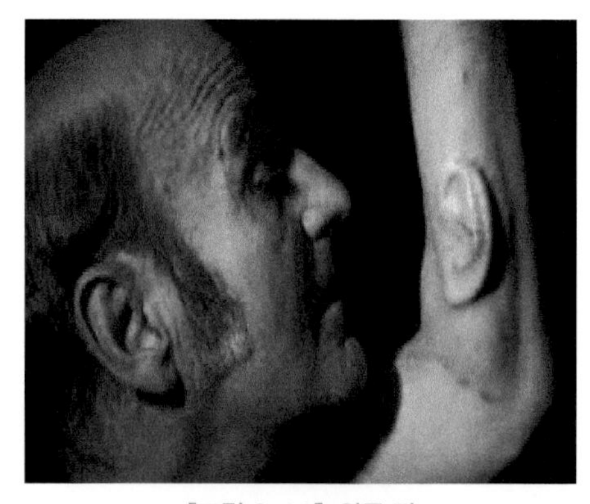

[그림 9-11] 인공 귀

출처: https://nownews.seoul.co.kr/news/newsView.php?id=20150815601017

■ 테사 에반스의 확장

소녀는 태어날 때부터 코가 없었다. 태어나는 아기는 1억 분에 1이라는 희귀질환이다. 후각기관은 물론 콧구멍이 없어 감기에도 기침과 재채기를 할 수 없다. 부모는 사랑하는 딸이 평범한 소녀로 자랄 수 있도록 이식수술을 결심했다. 테사에게 이식될 코는 3D 프린터로 제작된 것으로 이식 후 3년에서 4년에 후에 다시 재수술을 받아야 한다. 몸의 미래에 새로운 과학기술이 만들어낸 결과로 태어날 때부터 없던 코를 이식하는 확장이다.

■ 레스 바우 Les Baugh의 진화와 확장

그는 40년 전 감전 사고로 양팔을 잃었으나 SF 영화에 나오는 로봇팔을 소실된 자신의 몸에 확장하였다. 그는 2014년 여름 존스홉킨스 대학은 응용 물리학 연구에 혁명적인 인공보철의 프로그램 테스트에 참여하게 된다. 그는 양쪽어깨에 최초로 신경 이식된 한 쌍의 로봇 팔을 이식하였고 10일간 학습 훈련으로 선반 위의 컵을 이동시키는 동시에 양 팔을 움직이는 능력을 보여주었다. 훈련시간에 비하면 기대 이상이었다고 한다. 이는 SF 영화에서 보았던 인공두뇌와 새로운 과학기술로 레스 바우는 상상이 아닌 실생활에 사이보그가 되어 확장된 몸의 미래를 체험한 것이다. 이러한 영화 같은 확장은 신기술을 연구하는 학자와 실천가인 스텔락이 1982년 발표한 '진화'와 2006년 '인공 귀'가 있었기에 가능했다고 생각한다. 테사의 코는 몸의 확장 범주에 완성된 것이다. 이는 소녀에게 웃음을 찾아 줄 수 있었고 레스 바우의 양팔을 체험할 수 있는 것이다. 세상에 많은 희귀한 병과 치명적인 사고는 몸의 미래에 확장 복원 가능으로 매우 긍정적이다.

[그림 9-12] 테사 에반스

출처: https://nownews.seoul.co.kr/news/newsView.php?id=20150617601013

[그림 9-13] 레스 바우

출처: https://english.lankaviews.com/2019/04/11/les-baugh-the-worlds-first-cyborg/

■ 빅토리아 모데스타 Viktoria Modesta

태어날 때부터 장애를 가지고 태어났다. 어머니 스베틀라나(Moskalova)는 빅토리아의 장애를 고치기 위해 15번 정도의 수술을 하게 되고 그 과정에서 한쪽 다리를 절단하게 된다. 그러나 빅토리아는 더욱 열심히 자신을 극복하며 노력하여 세상을 감동시키는 대중에게 사랑받는 가수이면서 패션모델이 되었다. 영국의 의족 가수라 불리는 빅토리아 모데스타는 '2012 런던 패럴림픽' 경기를 마치고 이어지는 폐회식 무대를 퍼포먼스로 장식하며 더욱 주목받았다. 의족과 인체의 결합에서 장애는 불편한 것이지 남들보다 못한 것이 아니라는 것을 확인하는 훌륭한 퍼포먼스였다. 그 후 영국 영향력 있는 TV 채널 4에 출현하고 더욱 활발한 활동을 하게 되었다.

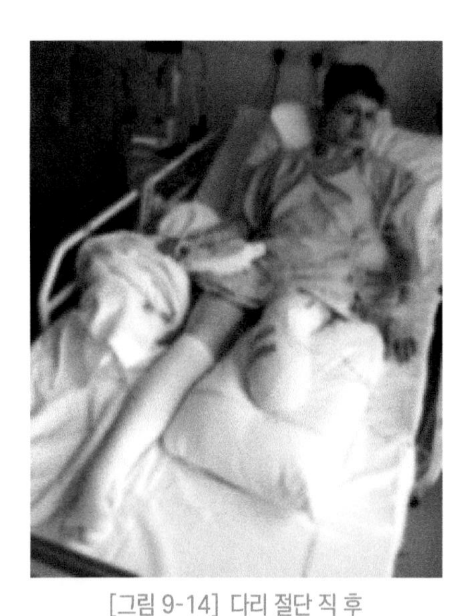

[그림 9-14] 다리 절단 직 후

출처: https://m.blog.naver.com/PostView.naver?isHttpsRedirect=true&blogId=smtzhen&logNo=220219300167

[그림 9-15] 가수 모데스타

출처: https://go.seoul.co.kr/news/newsView.php?id=20141224500154

∷ 내추럴 휴먼 Natural human

인체와 기계의 결합에서 어떤 신체는 더욱 강화되어 인간의 한계에 도전하는 스포츠맨의 몸으로, 또는 아름다운 패션 의족으로 자존감을 찾아 정상인 보다 활동적인 몸이 있다. 인간과 과학기술의 결합에서 인간의 몸이 완성된다고 보는 것은 시대적 현상이다. 이러한 시대에서 아름다움은 어떤 것인가? 미의 범주 속에서 순수미와 우아미의 반대적 의미에 있는 추미와 비장미를 우리는 어떤 해석으로 아름답다고 말할 수 있는가? 몸의 미래에는 인간이 정한 아름답다 추하다의 기준은 중요하지 않다. 그러면 추미와 비장미는 어떻게 해석할 수 있는가? 아름다움과 추함을 보는 기준은 인간이 정한 시각적인 기준이며 이러한 기준은 시대적 유행의 흐름 속에서 변해 왔다.

아름다움의 기준은 타인과 내가 정한 관점이 다를 수 있다.

1 휴머니즘

휴머니즘은 인간의 가치를 존중하고 인간의 존엄성을 지키고 높이려는 정신운동이다. 인간 몸은 스스로 정한 기준 속에 아름다움이 있다. 이것은 누군가가 만들어 주었거나 만들어 줄 수 있는 것은 아니며, 부족하다 느낄 때는 그 부족함을 타인이 채워 주거나 만들어 주기는 어려운 것이다. 이러한 어려운 것을 우리는 컴퓨터 속에서 넘쳐 나는 정보와 빠른 정보를 통해서 구체적인 계획을 세우기도 한다. '부족한 것을 보완하고 장점을 부각' 시킨다는 메이크업의 원래 가지고 있는 정의를 이제는 다시 논의해야 한다고 생각하며 아름다움의 정의를 외형의 형태적인 아름다움뿐만이 아니라 내면의 아름다움에 찬사를 표해야 한다.

■ 앨리슨 래퍼 Alison Lapper

영국의 트래펄가 광장(Trafalgar Square)에서는 늘 세계적인 작품이 전시되는 곳이다. 하지만 2005년 이 작품이 등장하고 사람들은 경악을 금치 못했다. 유명 작가 "마크 퀸"이 팔 다리가 짧은 화가 엘리슨 래퍼를 모델로 "앨리슨 래퍼의 임신" 작품을 선보였기 때문이었다. 이 조각상이 세워졌을 때 많은 논란과 부정적인 언론들이 작품에 대한 혹평을 쏟아냈다. 그녀는 "저는 단지 있는 모습 그대로였습니다. 옷도 안 입고 장애도 있고 임신한 채로 말이지요. 사람들이 마음에 들어 하든 상관없이 그들 눈앞에요." 이러한 작품을 보고 아름답다고 느낀 이들은 거의 없었다. 하지만 시간이 지나고 사람들이 반응은 호의적으로 변했다. 그녀는 "그 작품이 사람들의 눈과 마음을 열어 주었다고 생각해요. 저 여인은 우리와 다르지만 받아들인다는 생각을 한 거죠"라고 말한다. 그녀는 "팔이 없이 태어났다는 이유로 나를 기형이라고 여기는 사회에 육체적 정상성과 미의 개념을 물어보고 싶습니다." 한다.

그녀는 1965년 영국에서 선천성 희귀 병(염색체 이상으로 팔다리가 기형)을 안고 태어나, 생후 6주 만에 부모에게 버림받고 보호시설에서 성장했다. 22세 때 결혼했지만 남편의 폭력으로 9개월 만에 이혼하고, 1999년 미혼모로 건강한 아들을 출산했다. "저는 팔이 없어도 당당합니다." "완벽한 엄마가 되고 싶고, 모든 것을 혼자 해내고 싶지만 많은 도움이 필요하다는 걸 깨닫습니다." 보호시설에서 학대받으며 자란 어린 그녀에게 희망을 준 것은 그림이었고, 장애와 고난을 극복하고 뒤

늦게 미술을 공부했다. 그녀는 브라이튼 대학에서 미술을 우수한 성적으로 졸업하며 예술가의 삶을 시작했다. "저에게 제 작품은 아름다움에 대해 사람들이 가진 고정관념을 바꾸는 것입니다. " 출산 후에 임신한 여성의 인체와 모성애를 주제로 한 작품을 작업한다. 사진작가로도 활동하는 그녀는 많은 예술상을 받았고 영국 여왕이 주는 훈장도 받았다. 사람들에게 다양한 아름다움의 세계를 알렸기 때문이다. 비록 양다리는 짧고 팔이 없지만 그녀가 표현하는 세상은 아름다웠다.

■ 니컬러스 제임스 "닉" 부이치치(1982년)

그는 설교사이자 동기부여 연설가이며 지체장애인들을 위한 기관인 사지 없는 인생(Life Without Limbs)의 대표이다. 신체장애뿐 아니라 희망에 관한 다양한 주제로 정규적으로 연설하고 있다. 2013년 6월 SBS 힐링캠프 97회에 나온 세계적 희망 전도사 '닉 부이치치(Nick Vujicic)'의 말은 진한 여운을 남겼다. 팔다리 없이 태어나서 3번이나 자살 시도를 했지만, 이제 세계적 명강사에 만능 스포츠맨, 베스트셀러 작가로 거듭난 그가 사람들의 가슴을 울리는 힐링 메시지를 서울에 남기고 갔다. 그는 세계 43개국을 돌며 400만 명 이상의 사람들에게 감동의 메시지를 전했다. "제가 할 수 있으면, 여러분도 할수 있습니다." 그는 혼자서 이동하며, 축구, 테니스, 골프, 수영, 서핑, 승마, 줄넘기, 전자 드럼 치기, 스카이다이빙 등 온갖 스포츠에 끊임없이 도전해 성취하는 기적을 일구었다. 어깨로 오케스트라를 지휘한 일도 있었다. "세상에 완벽한 나무나 꽃이 있나요? 우리는 다 다르게 생겼기 때문에 아름다워요." 그는 2012년 일본계 미국인 여성 '가나에'와 영화 같은 결혼을 했고, 아들도 태어난 것이다. 그의 아내는 닉을 보고 첫눈에 반했다고 한다. 그의 부인 가나에는 "비슷한 장애가 있는 아이가 태어날 수도 있다는 것이 두렵지 않으냐?"라는 질문에 "그런 아이 5명이 태어나도 나는 사랑할 수 있다." 진정한 모델이 자신 옆에 있는데 무슨 문제가 있겠는가? 라는 답변이다.

[그림 9-16] 화가 앨리슨 래퍼

출처:http://vicentemanera.com/2013/11/05/

[그림 9-17] 아들과의 산책

출처: 2014.08.11.
http://www.koreadaily.com/news/read.asp?art_id=2735795

2 미래의 몸

인간은 자신이 간직한 고유의 잠재적 가능성을 지니고 있다. 하지만 이것을 누구나가 쉽게 찾는 것은 아니다 그렇기에 자아실현이라는 어려운 단어로 학자들의 연구적 담론이 있는 것이다. 그리고 예술가들은 작품을 통해서 스스로 잠재적 가치를 찾기 위해 도전적인 실험을 한다. 스텔락을 보면 일반적인 상식을 뛰어넘는 초월적인 예술적 시도이다. 이들의 실험적 예술의 의미에서 행위예술은 작가 본인만의 계획을 수용자의 관계에서 수용을 유도할 수 있는 의미를 부여한다. 이러한 시도에서 우리의 예술은 기술에 힘입어 진화하는 것이고 이러한 시대를 포스트 휴머니즘 시대를 맞이한 몸의 미래라고 할 수 있겠다. 하지만 엘리슨 래퍼와 닉부이치치의 모습에서 아름다움의 기준이 전환될 수 있다.

■ 미 美 고정관념의 탈피

우리의 고정관념에서는 생각할 수 없는 부족한 신체를 통해 정상인의 예술과 다르지 않은 예술의 작품을 완성하고 있다. 입과 발로 그림을 그리는 '엘리슨 래퍼'는 새로운 자유의 개념에 아름다움을 찾은 사례라고 할 수 있다. 이들의 외형적인 부족함이 미의 기준에 부합되지 않는다는 것에 대한 통속적인 개념에서 탈피하고 절망의 시련들을 이겨낸, 인간의 외형적 아름다움과 함께 내면에서 찾은 잠재성(예술성)으로 승화하여 자신감을 찾은 것이다. 이것은 인간이 느끼는 미학 중에서 고뇌와 시련을 비장(悲壯) 미로 이겨내고 내면의 확고한 예술성이 외형의 자신감으로 빛나는 예술이며, 이것은 전통적 미의 관념을 해체 시켰고 고정된 아름다움과 자유의 의미를 벗어난 개방성이고 자유로운 새로운 개념이다. 이제 몸의 미래에는 내적인 자신감이 외적으로 빛나는 것이 진정한 아름다움이라 생각한다. 왜냐하면 시각적인 유혹은 단지 내면의 감각으로 느끼는 감정이며 유효기간이 길지 않기 때문이다.

강신익, 몸의 문화, 몸의 역사, 휴머니스트, 2007.

금기숙, 복식조형을 보는 시각, 이즘, 1997.

김경옥, 유왕근, 베트남 여성의 반영구화장에 대한 인식, 한국인체미용예술학회지, 21(3), 2020.

김교빈, 이현구, 동양철학 에세이, 동녘출판, 2016.

김말복, 몸과 춤, 무용예술학연구, 20(1), 2007.

김민지, 인체미 인식과 복식형태의 변천, 복식 32호, 1997.

김소영, 이병화, 현대 패션에 나타난 신체의 미의식에 관한 연구. 한국복식학회. 복식 54(3). 2004.

김소영, 양숙희, 패션 커뮤니케이션 매체와 이상적 신체미, 한국복식학회, 52(8), 2002.

김시천, 동양학은 어떤 인간을 말하였나?, 오늘의 동양사상(20), 2009.

김영자, 한국 복식미에 표현된 에로티즘에, 19(3), 1993.

김옥준, 김영주, 이상적인 인체미에 따른 복식과 머리형태에 대한 고찰, 한국패션뷰티학회지. 5(1), 2007.

김윤희, 현대 한국적 복식에 나타난 인체와 복식에 대한 미의식. 서울대학교 대학원 박사, 1998.

김윤희, 김민자, 인체의 추상형/사실형 개념에 따른 인체와 복식에 대한 미의식 연구. 한국복식학회. 복식 41, 1998.

김정원, 한국 뷰티산업의 현황, 한국의류산업학회지, 11(1), 2009.

김지연, 인체를 변형시키는 인체장식에 관한 연구, 디자인지식저널, 4, 2007.

김창우, 이형일, 김학덕, 태권도 몸 미학, 대한 무도학회지 11(2), 2003.

남미우, 타투 소유자의 타투 상징성과 가치관에 관한 연구, 한국전시산업융합연구원, 33(0), 2018.

류기주, 김민자, 인체에 대한 미의식에 따른 복식형태. 한국의류학회지. 16(44), 1992.

모가평, 모카평아카데미 작품발표회, 2009.

문요한, 이제 몸을 챙깁니다, (주)해냄출판사, 2019.

박상우, 빌렘 플루서의 매체미학, 한국미학예술학연구, 2015.

박선지, 음은혁, 패션 광고에 표상된 남성 몸에 관한 담론, 복식 63(6), 2013.

박이문, 동양문화와 인류문화. 과학사상(25), 1998.

박정신, 조미자, 인체의 미의식에 따른 서양메이크업과 의복에 관한 연구. 한국인체미용예술학회지. 10(4), 2009.

백경선, 김지연, 공희경, 생애주기별 성장과 발달, 은학사, 2020.

백영자, 유효순. 서양의 복식문화. 경춘사. 2000.

서동석, 인문학으로 풀어 쓴 건강 : 밸런스와 삶의 지혜, 밸런스하우스, 2013.

서정욱, 1일 1미술 1교양 1(원시미술~낭만주의), 큐리어스(Qrious), 2020.

송숙현, 체형 교정으로 통증에서 멀어지는 초간단 셀프 마사지, 나비의 활주로,

신명수, 한국 성형수술의 현재와 미래, J Korean Med Assoc, 54(6), 2011.

신상규. "호모사피엔스의 미래". 샤르댕을 중심으로", 비교문학 .55, 비교문학학회2014.

신상미, 김재리, 몸과 움직임 읽기:라반 움직임 분석의 이론과 실제, 이화여자대학교 출판부, 2012.

안성준, 정재윤, 광고에 나타난 트롱프뢰유(trompe-l'oeil)기법을 활용한 보디페인팅 연구. 한국기초조형학회, 2011.

유미라, 미남 기준으로 본 현대 남성미, 건국대학교 예술디자인대학원 석사학위논문, 2015.

유송옥, 복식문화. 교문사, 2007.

유철상, 암을 이겨내는 자연치료법, 상상출판, 2019.

유태순, 전경숙, 인체미의 이상형에 따른 패션 일러스트레이션의 변화. 한국복식학회. 28(0), 1996.

윤주현, 인간의 생애 주기 이미지를 응용한 도자 조형 연구, 목원대학교 석사학위논문, 2016.

이경란, 김주덕, 두피·모발관리에 대한 인식과 실태에 관한 연구-강원, 충북지역을 중심으로-, 한국미용학회지, 14(4), 2008.

이기열, 강병석, 현대 패션의 과장된 인체 조형성에 관한 연구. 홍익대학교 교내연구지, 2006.

이동옥, 노인여성의 몸과 미의 기준. 여성학연구. 24(2), 2014.

이상은, 몸짓 읽어 주는 여자, 천그루숲, 2018.

이선, "인간복제기술의 비판인 출산성". 『철학논집』. 39. 서울: 서강대학교 철학연구소, 2014.

이선재, 의상학의 이해. 학문사, 2001.

이수진, 패션에 표현된 변형에 관한 연구. 국민대학교 테크노디자인 전문대학원 석사학위논문, 2003.

이옥희, 이상적인 인체미 구현을 위한 복식 디자인의 착시효과. 한국복식학회지. 51(4), 2001.

이원봉, "생명윤리와 포스트 휴머니즘 - 포스트 휴먼의 존엄성에 관한 논쟁을 중심으로", 2013.

이유미, 손연아, 동아시아·서양의 자연의 의미와 자연관 비교 분석, 한국과학교육학회지, 36(3), 2016.

이재호, 미술관에 간 해부학자, 어바웃어북, 2021.

이창복, 삶을 위한 죽음의 미학, 김영사, 2019.

이화순, 김자애, 채송화, The Art of Makeup. 형설출판사, 2003.

임영자, 유순례, 한국인의 미의식 변천과정과 복식미의 특질에 관한 연구. 50(8), 2000.

임은혁, 한국복식과 서구복식에 나타난 몸과 복식에 관한 전통적인 시각 비교. 복식문화연구, 19(3), 2011.

장민정, 동양미학적 관점에서 본 한국 전통복식의 조형적 특성 연구, 한복문화, 21(2), 2018.

전인미, 관상학에 근거한 성격유형별 무대 분장디자인 모형 연구-눈썹과 눈 디자인을 중심으로-, 디자인학연구, 20(1), 2007.

전희순, 고대 각국의 현의에 관한 소고. 군산대학교논문집, 16(0), 1989.

정연자, 보디페인팅에 표현된 미적(美的) 미메시스, 한국인체예술학회, 2009.

정현숙, 박길순, 르네상스 시대 남성복에 나타난 미적 특성 분석, 한국생활과학지, 24(4), 2015.

정화열, 동양과 서양의 몸. 아트센터나비 국제학술강연회, 2002.

조민환, 동양미학예술정신 이해 방법론 고찰. 양명학(46), 2017.

조상영, '포스트휴먼'을 통해 본 '사이보그 퍼포먼스' 연구, 2006.

조소현, 우종민, 김원, 변금령, 강은호, 최삼욱, 방수영, 이승환, 박영민, 채정호, 임선경, 최경숙, '마음건강'척도의 개발, 신경정신의학 50(2), 2011.

진현용, 최성민, The body art, 도도컴, 2002.

한국메이크업교수협의회, 제7회 대구국제보디페인팅 페스티발 초대작가전, 2014.

한상연, 철학을 삼킨 예술, 동녘출판, 2016.

허경선, 리처드 슈스터만의 몸미학에서의 살아있는 아름다움, 영남대학교 박사학위 논문, 2005.

허정선, 금기숙, 패션아트에 나타난 몸의 왜곡과 변형에 관한 연구. 복식학회지, 54(3), 2004.

홍수남, 미용성형인식에 따른 외모만족도와 외모관리태도, 기초조형학연구, 14(3), 2013.

홍수현, 김재호, 음양오행사상의 관상학에 기반한 애니메이션 캐릭터 얼굴 설계 시스템 연구, 멀티미디어학회논문집, 9(7), 2006.

황인주, 몸 미학과 무용과의 미학적 관계성 연구, 무용역사기록학 43(0), 2016.

Foucault M,『What Is Enlightenment?』, New York : Pantheon Books, pp. 32-50, 1984.

Karala Barendregt. 2008. Bringing Bodypainting to Life. www.karala-b.com

Leifer, Gloria. Fleck, Eve , 권봉숙외 15인 옮김, 생애 주기에 걸친 성장발달과 건강증진, 엘스비어코리아, 2013.

Smith M, Morra J, "The Prosthetic Impulse : From a Posthuman Present to a Biocultural Future", Cambridge, MA : MIT Press, pp. 1-2, 2006.

노만 커진스(1996). 신비로운 마음과 몸의 치유력, 학지사

사토 유미(2017). 헤어스타일 하나 바꿨을 뿐인데, 스몰빅미디어.

수전 M. 오실로 & 리자베스 로머(2014). 불안을 치유하는 마음챙김 명상법, (주)원앤원콘텐츠그룹

수피(2018). 다이어트의 정석, (주)한문화멀티미디어.

제니퍼 네일스 (1994). 동 서양은 만날 것이다. 미술사연구(8), 231-249

토머스 F.캐시. 바디이미지. 교문사. 2000.

크리스토퍼 퀼 윈튼 저, 피에로 그림, 박세현 역 (2021). 미학 아는 척하기, 팬덤북스

시사저널 : http://www.sisajournal.com

서울시티 : http://www.seoulcity.co.kr

정연자
- 현) 건국대학교 뷰티화장품학과 교수
- 뷰티융합연구소장
- 바이오뷰티조향예술학회장
- 동양예술학회 부회장
- (전) 한국인체미용예술학회회장
- (전) 건국대 힐링바이오공유대학장

몸의 미학

1판 1쇄 인쇄 2022년 02월 21일
1판 1쇄 발행 2022년 02월 28일
저　　자 정연자
발 행 인 이범만
발 행 처 **21세기사** (제406-00015호)
경기도 파주시 산남로 72-16 (10882)
Tel. 031-942-7861　　Fax. 031-942-7864
E-mail : 21cbook@naver.com
Home-page : www.21cbook.co.kr
ISBN 979-11-6833-022-1

정가 25,000원